高等教育"十四五"部委级规划教材

集成电路工艺实验基础

石建军 郭 颖 主编

东华大学出版社·上海

编委会成员

序言

　　本课程作为应用物理专业大四本科生的专业物理实验课，是一门专业性和实践性都很强的实践教学课程。《专业物理实验》是在《物理学基础实验》和《近代物理实验》基础上，结合本学校物理专业特色，为物理专业本科生开设的一门基础课程，教学目的和任务是扩大学生的知识面、培养学生的创新能力，使学生能接触比较近代的测试方法和测试手段，掌握多种实验方法，学会运用综合的方法和手段分析问题并解决问题，提高学生的综合素质能力。

　　开设本课程的目标和任务是使学生熟练掌握半导体材料和器件的制备、基本物理参数以及物理性质的测试原理和表征方法，为半导体材料与器件的开发、设计与研制打下坚定基础；同时课程内容不仅讲述了等离子体物理基本知识，更注重引导学生对等离子体传统技术的了解和对前沿技术的把握。由于是实验课，所以需要学生首先掌握《半导体物理》《半导体器件》和《等离子体物理》的基本知识，再通过本课程培养学生对半导体材料和器件的制备及测试方法的实践能力。其具体要求包括：

　　1. 了解半导体材料与器件的基本研究方法；

　　2. 理解半导体材料与器件相关制备与基本测试设备的原理、功能及使用方法，并能够独立操作；

　　3. 了解气体放电等离子体基本特征参数的两种诊断技术的原理、方案和使用方法，具有进行等离子体特征初级测量的能力；

　　4. 通过亲自动手操作提高理论与实践相结合的能力，提高理论学习的主动性。

　　对学生的基本要求是：学生在教师的指导下，根据实验内容、实验原理、实验器材及要求，独立操作实验，学生能够在实验过程中发现问题，对遇到的问题能够综合所学知识独立进行分析并解决问题。培养学生实事求是、严谨的科学作风，培养学生的实际动手能力，提高实验技能。

目录

第一章　基础工艺

实验 1-1 真空技术

1 实验简介

真空技术作为一门基本实验技术，在近代高端科学技术，如表面科学、可控核聚变、高能粒子加速器、宇宙空间环境模拟、微电子学、低温技术、材料科学等领域中占有重要的地位。在工业生产中，如集成电路、电力、航空航天、原子能、医疗、汽车等领域都应用到真空技术。

2 实验目的

（1）了解真空技术的基本知识，以多功能真空实验仪（DH2010），了解高真空获得的基本原理及方法。
（2）充分理解真空测量的原理和基本方法。
（3）学习相关的实验安全事项。

3 实验原理

3.1 真空的获得

真空的获得主要通过各类真空泵，利用机械、物理、化学或物理化学的方法对被抽容器进行抽气，从而获得真空条件。按照工作泵的工作原理可分为气体输送泵和气体捕集泵两类，被广泛应用于冶金、化工、食品、电子镀膜等。在本实验中涉及旋片式机械泵和分子扩散泵两种，故以此为例展开介绍。

3.1.1 旋片式机械泵

旋片式机械泵作为使用较多的一种机械泵，多为中小型泵，可以单独使用，也可以作为其他高真空泵或超高真空泵的前级泵。其结构如图 1-1-1 所示，包含圆柱空腔定子、偏心转子、旋片、弹簧和排气阀等零件，偏心转子的顶端始终与泵体定子内腔保持接触，当偏心转子旋转时，其始终沿定子的内壁滑动。偏心转子上开有两个滑槽，分别安装一个旋片，中间有一个弹簧，当旋片随偏心转子旋转时，借助弹簧张力和离心力，使两旋片紧贴在定子内壁滑动。工作原理如图 1-1-2 所示，两个旋片把偏心转子、定子内腔和定盖所围成的月牙形空间分隔成三个部分，分别叫做吸气腔、压缩腔和排气腔。

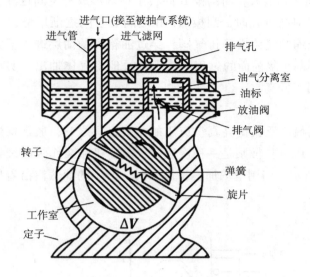

图 1-1-1　旋片式真空泵结构示意图

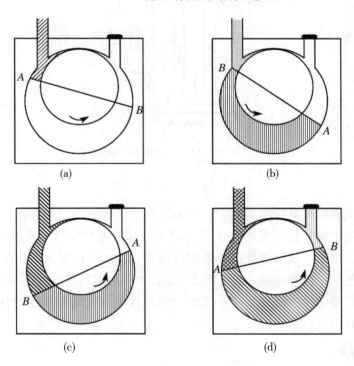

图 1-1-2　旋片式机械泵的工作原理

　　当转子按图示方向旋转时，刮板 A 通过进气口时，刮板 A 同转子顶端形成的空间逐渐变大，压强逐渐变小，该空间内的压强低于被抽容器内的压强，根据气体压强平衡的原理，被抽的气体不断地进入到次空间内，当刮板 B 通过进气孔时，刮板 A 和刮板 B 之间形成空间达到最大，而刮板 B 同转子顶端形成的空间逐渐变大，转子继续运动，当刮板 A 运动到排气孔时，刮板 A、B 之间的空间逐渐压缩，当气体的压强大于排气压强时，被压缩的气体推开排气阀，穿过油箱内的油层进入至大气中。转子不断地运动，真空泵不断重复前面的过程，从而有效地将气体抽出，实现真空，其极限低压可达 10^{-2}Pa，属于低真空。

3.1.2 扩散泵

扩散泵是目前最广泛获得高真空应用的主要工具之一，通常指油扩散泵，其极限真空为 $10^{-4} \sim 10^{-5}$ Pa，扩散泵是一种次级泵，需要机械泵作为前级泵。扩散泵的工作原理如图 1-1-3 所示，当用电炉加热扩散泵时，产生的油蒸汽沿着导流管经各级伞形喷嘴向出气口喷出。

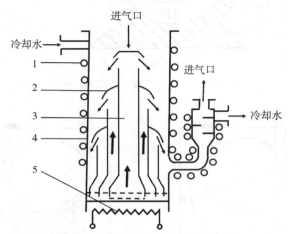

1.水冷套；2.喷油嘴；3.导流管；4.泵壳；5.加热器

图 1-1-3　扩散泵结构图

因喷嘴外面有机械泵提供的真空，故油蒸汽流可喷出一长段距离，构成一个向出气口方向运动的射流。射流最后碰上由冷却水冷却的泵壁凝结为液体回流到蒸发器，即靠油的蒸发、喷射、凝结重复循环来实现抽气。由进气口进入泵内的气体分子一旦落入蒸汽流中便获得向下运动的动量向下飞去。由于射流具有高流速(约 200 m/s)、高蒸汽密度，且扩散泵中的油分子量大(275~500)，故能有效地带走气体分子。气体分子被带往出气口再由机械泵抽走。

3.2　真空的测量

气体稀薄程度，通常用"真空度高"和"真空度低"来表示，真空度（表压）＝大气压强-绝对压强，真空度越高，说明腔体的压强越低。对高真空度的测量，常使用电离规和热偶规进行测量。

3.2.1　热偶规

热偶规即热偶真空计，是借助于热电偶测量热丝温度的变化，用热电偶产生的电势和加热元件温度之间的关系表征硅管内的压力，热偶规的结构原理图如图 1-1-4 所示。

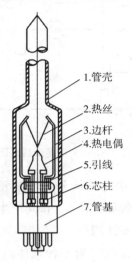

1. 管壳
2. 热丝
3. 边杆
4. 热电偶
5. 引线
6. 芯柱
7. 管基

图 1-1-4　DL-3 型热偶规的结构图

有热偶式规管和测量线路两部分组成。热偶规管主要有热丝和热电偶组成，热丝的材料常用 0.05~0.1 mm 的铂丝、钨丝和镍丝，其中铂丝最好。热电偶的热端和热丝相连，另一端作为冷端经引线引出管外，接至测量热电偶电势用的毫伏表。当热丝中通过电流后会发热。发出的热量通过周围气体分子的热传导，或热丝本身的固体热传导，或热辐射放出。保持流经热丝的电流一定时，热丝的发热量也保持稳定，则周围压力高时，被气体夺走的热量就多，只是细线的温度角度。若周围的压力降低，气体稀薄后，导致热丝的热量散耗减少，温度身高。通过热电偶测出这种温度变化，并以电势的形式将腔体内的压力表现出来。利用气体分子的热传导现象，可对 1~300 Pa 之间的压强进行检测。

3.2.2 电离规

具有足够能量的电子与气体分子碰撞引起分子的电离，产生正离子和电子，电子与分子的碰撞次数正比于分子数密度 n，即正比于总压强 P，故产生的正离子数 N^+ 正比于压强 P。电离规的结构如图 1-1-5 所示。它主要由发射电子的热阴极（灯丝 F）、加速并收集电子的加速栅极 G 和收集离子的收集极 C 组成。其接线如图 1-1-6 所示，规管中心热阴极 F 接零电位，U_K 为热阴极加热电压；加速极 G 接正电位 U_g（几百伏）；离子收集极 C 接负电位 U_C（几十伏），其作用是使由阴极 F 发射的电子，在加速点位 U_g 的作用下，飞向 G 极使电子能量增加，大部分电子通过加速栅极 G 飞向圆筒形收集极 C，电子轨迹如图 1-1-7 所示，在 G、C 之间拒斥场的作用下电子减速，在速度减到零时，电子反向飞向 G，在电子飞出 G、C 空间时，电子又在拒斥电场的作用下减速，直到速度减到零由反向飞向 G 极，向 G、C 方向飞行。

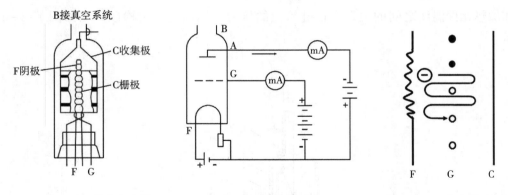

图 1-1-5　普通电离规　　　　图 1-1-6　电离规线路图　　　　图 1-1-7　电子轨迹示意图

电子在这种反复的往返运动中与气体分子不断发生碰撞，把能量传给气体分子，使其电离，而电子最终被加速极收集；在 G、C 间产生的正离子被收集极 C 接收形成离子流，此离子流被外电路中的微安计测得。

电离规内，当各电极电位一定时，对某种气体，在规管中电离所形成的正离子流 I^+ 正比于发射电子电流 I_e 和气体的压强怕，即

$$I^+ = KI_e P \qquad\qquad 1-1-1$$

其中比例常数 K 称为电力及的灵敏度，其意义是在单位电子电流、单位压强下所得到的离子流，其单位为 1/Pa，K 值多通过实验测得。在实际测量中，规定发射电流 I_e 等于常数。对于不同气体，K 值也不同，通常所指的灵敏度时对于干燥空气或氮气而言。

普通型热阴极电离规的测量范围为 $1.33 \times 10^{-1} \sim 1.33 \times 10^{-5}$ Pa，超出此范围，离子流与压强便不在时线性关系而不能进行测量。而且当气压高于 0.1 Pa 时，正离子电流 I^+ 会较大，容易将微安计烧毁，因此电离规必须在小于 0.1 Pa 的压强条件下工作。因此在实际高真空度的使用过程中，往往为多种真空计复合使用，弥补各自量程的不足。

3.3　定容腔体抽速计算

在真空系统中，对一定容积的被抽容器，随着气体逐渐被抽出，容器内压强包括抽气机进口处的压强不断降低，因而每次抽出的气体在不断减少，抽速就不断变化。这样，抽气机的抽速应是在某一瞬时压强下被抽气体体积对时间的导数。即：

$$S = \frac{\mathrm{d}V}{\mathrm{d}t} \qquad\qquad (1-1-2)$$

如果测出容器内不同时刻的压强值，并画出压强随时间变化的抽气曲线，由此可计算抽速。当抽气 $\mathrm{d}t$ 后，被抽出气体体积为 $S\mathrm{d}t$。因为容器容积未变，故容器内压强降低了 $\mathrm{d}P$。在此引入 PV 这一气体量，则 $\mathrm{d}t$ 时间内被抽出的气体量为 $PS\mathrm{d}t$，容器内因抽气而减少的气体量为 $V\mathrm{d}P$ 显然，这两者应是相等的，故有：

$$PSdt = -VdP \qquad\qquad 1-1-3$$

$$Sdt = -V\frac{dP}{P} \qquad\qquad 1-1-4$$

式中负号是 dp 为负值而引入的。由（4）式可以得到：

$$Sdt = -Vd(\ln P) \qquad\qquad 1-1-5$$

$$S = -V\frac{d(\ln P)}{dt} \qquad\qquad 1-1-6$$

或

$$S = 2.3V\left[\frac{d(\lg P)}{dt}\right] \qquad\qquad 1-1-7$$

根据式 1-1-6 或式 1-1-7，只要测出一系列压强、时间值。可在半对数坐标纸上作出抽气曲线。求出抽气曲线某点的斜率 $[d(\lg P)]/dt$ 代入（7）式，即可求出该压强下的抽气速率。

如只需粗略估计抽速，可求其平均抽速。即认为在一小段时间 t_1-t_2 间隔内抽速近似不变，由式 1-1-4 得

$$S\int_{t_1}^{t_2}dt = -V\int_{P_1}^{P_2}\frac{dp}{P} \qquad\qquad 1-1-8$$

$$S(t_2 - t_1) = -V(\ln P_2 - \ln P_1) \qquad\qquad 1-1-9$$

$$S = -V\frac{\ln P_2/P_1}{t_2 - t_1} \qquad\qquad 1-1-10$$

只要测出压强从 P_1-P_2 的抽气时间代入式 1-1-10 即可求出平均抽速。例如，用停表测出压强从 10 Pa 下降至 1 Pa 所需抽气时间 t。即可求出该机械泵当压强从 10 Pa 下降至 1 Pa 区间的平均抽速为 $S = 2.30(V/t)$。

4 实验内容

（1）使用抽真空设备，获得高真空环境。
（2）使用真空计进行真空测量。
（3）利用有限条件估算真空泵的抽气速率。

5 实验仪器

机械泵，扩散泵，真空腔，真空计，各类计量工具。

6 实验指导

真空技术的实验装置如图 1-1-8 所示。

图 1-1-8 实验装置图
左侧为油扩散泵和真空腔体，右侧为真空系统操作和真空检测复合控制面板

因为涉及到较大功率的电源，以及高温加热装置、多种真空泵的组合使用，因此在操作设备进行放电实验前，需要教师指导相关的安全须知。在实验中，操作应要严格按照以下步骤进行：

（1）检查仪器的冷却水是否正常，气路是否连接正确；

（2）关闭真空腔的泄气阀；

（3）打开冷却水系统，打开真空系统总电源，打开真空计电源；

（4）将工作状态拨键调节至"机械泵"，打开机械泵，对真空腔进行抽气；

（5）观察真空计（热偶规）示数达到稳定，即机械泵工作效率达到极限，先将工作状态拨键调节至"扩散泵"，再将扩散泵同真空腔之间的阀门打开；

（6）扩散泵接入至真空系统内，机械泵持续工作，对扩散泵的空间进行抽气；

（7）观察真空计（热偶规）示数再次达到稳定，将工作状态拨键调节至"扩散泵工作"，按加热键；

（8）检查加热炉是否正常工作，确认正常后将加热炉缓慢上升接近扩散泵；

（9）加热炉加热扩散泵，观察真空计（电离规）示数，并记录真空计的示数变化，每 10 s 记录一个值，直至真空计示数不再变化；

（10）完成数据记录后，关闭真空计（电离规）电源，再按加热键，停止加热，并将加热炉缓慢下降，将工作状态拨键调节至"扩散泵"；

（11）关闭扩散泵同真空腔之间的阀门后，将工作状态拨键调节至"机械泵"；

（12）待腔体彻底冷却后，关闭总电源，关闭冷却水系统；

（13）记录真空腔体的体积，并根据所记录的数据，对扩散泵的抽气速率进行计算。

实验必须有指导教师在的情况下进行，确保实验过程安全、顺利。

7. 实验数据处理

　　自拟表格，需要记录的参数包括：抽气时间、压力、温度、腔体尺寸等。根据压强的变化，设计合理的数据处理方法，计算分子扩散泵的抽气速率。

思考题

　　1. 除了在本实验中涉及使用的旋片式机械泵和扩散泵以外，还有哪些常用的真空泵，选择其中的 2~3 种进行简单的工作原理说明，并给出其工作范围。

　　2. 为什么在关闭扩散泵之前，需将扩散泵同真空腔之间的阀门先关闭？

　　3. 为什么记录完测量数据后，立即关闭电离规？

　　4. 根据查阅的真空泵的资料，设计一个高真空抽气系统，要求将压强降至 10^{-3} Pa，并给出相应的测量方法。

　　5. 要达到超高真空（UHV）需要注意些什么？

实验 1-2   硅片的清洗及氧化

1   实验简介

  硅基芯片制造技术的基础之一是在硅片表面热生长一层均匀氧化层，氧化物掩蔽技术是一种在热生长的氧化层上通过刻印图形和刻蚀达到对衬底进行扩散掺杂的工艺技术。通过适当的制造工艺控制，氧化层具有质量高、稳定性强和可挖掘性的介质特性。这些特性使得氧化层在集成电路制备中常被用作杂质选择扩散的掩蔽膜和离子注入的掩膜，且氧化层易于被氢氟酸腐蚀，而氢氟酸不腐蚀硅本身，利用这一特性，扩散参杂、离子注入技术、光刻技术和各种薄膜沉淀技术相结合，能制造出各种不同性能的半导体器件和不同功能的集成电路。

  硅片氧化层制备容易且与硅衬底有着优良的界面，这对于硅基半导体工艺很重要，同时其也成为最普遍应用的膜材料。硅片氯化层在器件保护和隔离、表面钝化、栅氧电解质、掺杂阻挡、金属层间的介质层等领域有着显著应用。在硅片表面形成氧化层的技术有很多种：热氧化生长，热分解沉积（即 VCD 法），外延生长，真空蒸发，阳极氧化法和反应溅射等。其中热生长氧化法在集成电路工艺中应用最多，且操作简单，其氧化层紧密，足以满足工艺制备需求。

2   实验目的

  （1）熟悉半导体工艺的一般步骤。
  （2）掌握硅片氧化的基本方法和原理，能够熟练使用管式炉。
  （3）学会使用台阶仪对氧化层厚度进行检测。
  （4）学习相关的实验安全事项。

3   实验原理

3.1   硅片的清洗

  由于芯片制造的关键尺寸持续减小，硅片表面在经过制成工艺前必须保证是洁净的，控制沾污的最佳途径是防止沾污硅片，一旦硅片表面被沾污，必须清洗沾污物并使其被排除。

硅片表面常见的沾污有颗粒、有机物、金属和自然氧化层。制成工艺中的每个步骤都是硅片、元器件的潜在沾污源。因此，贯穿集成电路的整个制成工艺中，单个硅片需要用湿法清洗上百次。硅片的湿法清洗过程是一个复杂而有特定顺序的过程，利用特定的清洗剂来清洗对应的沾污物，在本实验中，我们以兆声进行清洗。

兆声清洗中，我们采用接近 1 MHz 的超声能量，这种工艺可以在较低的溶液温度下（30℃）实现更有效的颗粒去除，其原理为用超声换能器震动清洗池中的液体，并激发压力波，从而实现兆声清洗。兆声清洗去除颗粒主要的机制是成穴（气泡的形成）和声流。当压力波低压部分产生的泡被气体或蒸汽填充式，成穴边发生。空泡在液体媒质中震荡，由于声能而猛烈破裂（爆聚）。破裂效应就是成穴，可以促进颗粒移除且不损害硅片，声流是兆声槽里有超声能量引起的液体的稳定流动。流动的液体比静止的液体更具清楚效果。

当振荡频率低于 100 kHz 时，这一工艺称为超声，但在这一超声频率中，成穴可能诱生蚀损斑，而其在兆声频段（800~1200 kHz）内并未发现，且所需的化学品用量减少。因此，兆声在化学清洗和去离子水清洗操作中广泛应用。本实验以超声波清洗槽作为清洗设备进行超声清洗。

3.2 热生长氧化

热生长氧化硅法按所用的氧化气氛有干氧氧化、水汽氧化、湿氧氧化三种方式。干氧氧化是以干燥纯净的氧气作为氧气气氛，在高温下直接与硅发生反应，形成二氧化硅。水汽氧化是以高纯水蒸汽为氧化气氛，由硅片表面的硅原子和水分子反应生成二氧化硅。水汽氧化的氧化速率比干氧氧化的大。而湿氧氧化实质上是干氧氧化和水汽氧化的混合，氧化速率介于二者之间。图 1-2-1 和图 1-2-2 分别给出了干氧氧化和水汽氧化装置的示意图。

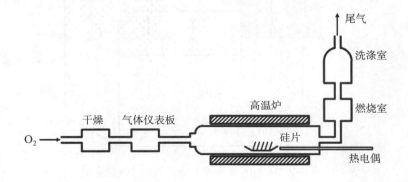

图 1-2-1 干氧氧化装置示意图

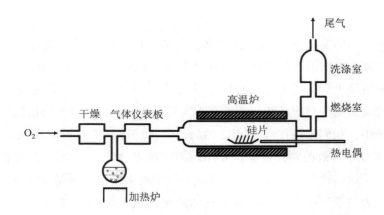

图 1-2-2 湿氧氧化装置示意图

将经过严格清洗的硅片置于高温的氧化气氛中，由于硅片表面对氧原子具有很高的亲和力，所以硅表面与氧迅速形成 SiO_2 层，且反应速率会随温度的增加而增加，在硅片制造过程中，硅的氧化温度通常在 750~1100 ℃，压强 0.2~1 个标准大气压，且可以根据不同的氧化工艺进行调整。在干氧环境中，其化学反应方程式为：

$$Si(固) + O_2(气) \rightarrow SiO_2(固)$$

当反应中有水汽参与时，则氧化反应速率会大大加快，其反应方程式为：

$$Si(固) + 2H_2O(气) \rightarrow SiO_2(固) + 2H_2(气)$$

无论干氧还是湿氧工艺，二氧化硅的生长都要消耗硅，如图 1-2-3 所示。

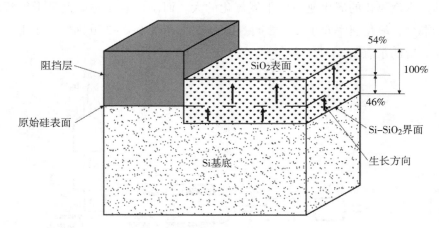

图 1-2-3 SiO_2 生长对应硅片表面位置的变化

如果生长的二氧化硅厚度为 d_0（μm），所消耗的硅厚度为 d_1（μm），则有定量分析可知：

$$\alpha = \frac{d_I}{d_0} = 0.46$$

即生长 1μm 的 SiO_2，要消耗掉 0.46μm 的 Si。

在硅片的表面形成 SiO_2 后，阻碍了 O_2 或水蒸汽等氧化剂与硅表面的接触，从而限制 SiO_2 的生长。对于在 SiO_2 同硅片的界面处连续生长的 SiO_2 层，O_2 分子必须通过已生成的 SiO_2 层运动进入硅片，这个过程称为扩散（气体穿过固态阻挡层）。随着 SiO_2 层的不断增厚，O_2 和 H_2O 穿过氧化膜进一步氧化逐渐困难，其氧化膜的增厚率将逐步减小。

氧化后，可以用硅片表面的颜色来大致判断 SiO_2 层的厚度。因为不同厚度的 SiO_2 层对可见光的折射率不同，硅片表面的 SiO_2 层的颜色会随着厚度的变化呈现周期性变化。虽然现在先进的集成电路制造工厂已不再将颜色变化用来作为厚度观测的方式，但仍然是一项可以用来快速观察硅片表面是否产生明显的厚度差。图 1-2-4 为不同厚度的 SiO_2 对应的大致颜色，可作为氧化层厚度的大致判断依据。

Oxide Thickness[nm]	Color	Color Code	Color and Comments
50		D2B48C	棕褐色
75		A52A2A	棕色
100		B32F79	深黑色至红紫色
125		2E73F3	皇家蓝
150		ADD8E6	浅蓝至金属蓝
175		D9ECB3	金属色至浅黄绿色
200		F9F9C8	浅金色或黄色，略带金属色
225		DAA520	金色，略带黄橙色
250		F6853D	橙色
275		B32F79	紫红
300		5D3694	蓝色至紫蓝色
310		0000FF	蓝色
325		0083AE	蓝色至蓝绿色
345		00FF00	浅绿色
350		84D82E	绿色至黄绿色
365		84C82B	黄绿色
375		E2DE2B	绿色—黄色
390		FFFF00	黄色

图 1-2-4　SiO_2 厚度同颜色对比图

　　为了对氧化层厚度进行精确的测量，我们可以利用仪器对氧化层的厚度进行测量，如椭偏仪、台阶仪等，在本实验中，我们将利用台阶仪对氧化层的厚度进行测量。

4　实验内容

　　（1）利用超声波清洗机对硅片表面进行清洗。
　　（2）使用管式炉进行硅片的热氧化操作。
　　（3）根据比色法，估计硅片表面氧化层厚度。
　　（4）利用台阶仪测量氧化层厚度。

5　实验仪器

　　超声波清洗槽、微型管式炉、真空泵，以及硅片氧化层厚度-颜色比对表，图1-2-5为实验装置图。

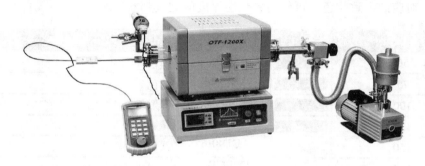

图1-2-5　实验装置图

6　实验指导

　　因为涉及到使用较大功率的电源、高温加热装置，因此在操作设备实验前，需要教师指导并告知相关的安全须知。在实验中，管式炉的操作应要严格按照管式炉、台阶仪操作使用手册进行。
　　（1）利用超声波+清洗剂，对大小合适的Si样品进行清洗30 min。
　　（2）取5片清洗后的Si样品，用镊子加到石英舟上，放置在炉体的恒温区。控制温度在1000 ℃，分别以5 min、10 min、20 min、40 min、60 min 5种不同的时间段生长不同厚度的氧化层。
　　（3）另取5片洁净的Si样品，在相同的温度下，通入湿氧进行氧化，水温控制在95 ℃，分别以5 min、10 min、20 min、40 min、60 min五种不同的时间段生长不同厚度的氧化层。
　　（4）记录不同实验条件下的硅片氧化层的颜色。
　　（5）利用台阶仪测量氧化层厚度。

实验必须由指导教师在的情况下进行，确保实验过程安全、顺利。

7 实验数据处理

自拟表格，需要记录的参数包括：处理温度、处理时间、氧化层颜色等。根据所记录的结果确认氧化层厚度的影响因素及规律。

思考题

氧化层的厚度不同，该从哪些方面进行考虑，查阅资料，写出氧化层厚度同时间的关系以及推导过程。

实验 1-3　光刻工艺流程实验教学

1　实验简介

　　随着微细加工技术的迅猛发展，微电子器件的集成度要求越来越高，功能及使用范围也越来越广，光刻技术也得到长足的进步。光刻技术被广泛运用于当今半导体制程中，其中近紫外光、中紫外光、深紫外光、真空紫外光、极短紫外光等光源都可以在实际光刻技术中得到应用。光刻机成为半导体制程中光刻部分的最主要生产设备之一，它甚至是决定整个半导体制程的核心机台！在实验室的实验操作过程中，光刻技术的应用场景不再局限于半导体芯片的制备上，同时可以作为很好的图形电极制作的技术支持。基于实验室的应用场景，此实验课程的主要目标是完成光刻机的实际操作及应用教学，培养学生的科研兴趣。

2　实验目的

　　（1）完成光刻机的基础操作教学。

　　（2）完成光刻操作在实验室场景的实际应用教学，培养学生的科研兴趣。

3　实验原理

　　基本原理：光刻技术是通过曝光的方法将掩模板上的图形转移到涂覆于晶圆（硅片）表面的光刻胶上所使用的技术，然后通过刻蚀、离子注入等工艺将图形转移到硅片上（如图 1-3-1）。

4　实验内容

　　（1）使用 URE-2000S 型光刻机进行图形电极制作。

　　（2）熟悉光刻机配套设备的操作流程。

5　实验仪器

　　（1）仪器

　　① URE-2000S 型紫外单、双面深层光刻机，是中国科学院光电技术研究所根据市

场需求研制成功的一种新型深紫外（365nm）光刻设备。该机采用国内首创的 CCD 图像底面对准技术及单曝光头正面曝光实现双面对准曝光的总体设计技术，采用新颖的高精度、多自由度掩模—样片精密对准工件台结构设计，掩模—样片对准过程直观，套刻对准速度快、精度高。掩模板与样片的放置采用推拉式基准平板、真空吸附的方式，操作方便。图 1-3-1 为光刻示意图。

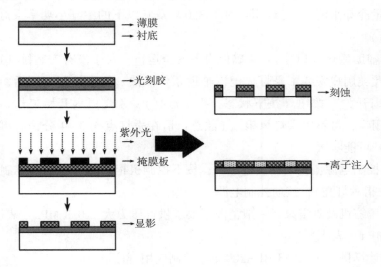

图 1-3-1 光刻示意图

② 鼓风式烘箱、匀胶机、黄光灯、显微镜及磁控溅射等配套设备。

（2）材料：光刻胶，掩模板，衬底器件，丙酮，酒精等。

6 实验指导

6.1 实验重点

（1）光刻机及光刻工艺的基本原理介绍。

（2）光刻基本工艺流程教学。

（3）利用磁控溅射进行器件制作。

6.2 实验步骤

实验过程注意安全防护（穿着符合实验要求）：光刻过程中保持暗室环境，不得使光刻胶暴露于光线下，只能在黄光环境或者暗室环境下操作；光刻机及磁控溅射的开关操作过程严格按照实验手册进行；操作各类仪器及药品的过程应注意小心。

（1）光刻机开机及步骤

① 点灯：接入汞灯电源后，按下控制机柜前门上方的"汞灯电源"按钮（按下状态，指示灯亮），汞灯将自动触发点亮。

说明：操作人员可以通过机柜前门的电流表（左侧为电流表，右侧为电压表）查看汞灯是否点亮，电流表指示有电流，表示汞灯已点亮；电流表指示没有电流，则汞灯没被点亮，此时应立即关闭"汞灯电源"，稍后再试。

切记：在点灯时，控制电源必须处于断电状态，即控制机柜前门上方的"控制电源"按钮处于弹起状态（指示灯灭）。否则，汞灯高压触发电压可能损坏控制板。

② 汞灯辅助散热（水冷）：将冷却水管接到自来水（或循环水）管上，打开水源，并确保有适量冷却水流出。（说明：对于 350W 及其以下的中、小功率汞灯，设备未配备水冷装置。）

③ 汞灯辅助散热（风冷）：为确保设备安全运行，对于没有安装排气通道的用户，我们特地为此类用户安装了汞灯风扇以辅助汞灯散热。接入控制电源后，按下操作面板上的"风扇开关"按钮（按下状态，指示灯亮），汞灯风扇开始工作。对于已安装排风通道的用户，可不用汞灯风扇。（注意：请在汞灯点亮 3~4 分钟后再打开风扇开关，提前打开可能吹灭汞灯。）

④ 接通控制电源：接入控制电源后，按下控制机柜前门上方的"控制电源"按钮（按下状态，指示灯亮），接通控制电源。

⑤ 打开压缩机及真空泵。一般情况下要求供气压力大于 0.3 MPa（表压），真空度高于-0.06 MPa（表压）。

⑥ 打开计算机，进入"URE-2000S"控制应用程序。

（2）处理衬底。

（3）旋转涂敷光刻胶。

（4）前烘。

（5）曝光。

（6）后烘。

（7）显影。

（8）光刻机关机及步骤：

① 退出应用程序，关闭计算机；

② 按下控制机柜前门上方的"控制电源"按钮（弹起状态，指示灯灭），断开控制电源；

③ 按下控制机柜前门上方的"汞灯电源"按钮（弹起状态，指示灯灭），断开汞灯电源，汞灯熄灭；（切记：在熄灭汞灯时，控制电源须处于断电状态，即控制机柜前门上方的"控制电源"按钮处于弹起状态，指示灯灭。）

④ 关掉压缩机及真空泵；

⑤ 汞灯熄灭约 5 分钟（待汞灯冷却）后，按下操作面板上的"风扇开关"按钮（弹起状态，指示灯灭），使汞灯风扇停止工作；

⑥ 关闭水源（对于配备水冷装置的设备）。

（9）磁控溅射金属电极。

（10）去除光刻胶，显微观察，结束实验。

7 实验数据处理

自拟表格，需要记录的主要实验参数：匀胶转速和时间、前烘温度和时间、曝光时间、后烘温度和时间、显影时间等。

思考题

1. 为什么光刻操作过程需要在黄光或者暗室情况下进行？

2. 光刻胶种类及显影方法有哪些？

3. 影响显影效果的参数有哪些？在显影不充分的情况下应该怎么进行参数调节？

实验 1-4　氧等离子体刻蚀

1　实验简介

　　干法刻蚀和湿法刻蚀是现代半导体工艺技术中的一个重要组成部分，湿法刻蚀是指通过化学药液与被刻蚀物质发生化学反应而去除被刻蚀物质的方法，湿法刻蚀的特点是去除过程各向同性，会产生侧向钻蚀。干法刻蚀则是利用辉光放电的方式产生等离子体，利用其物理或者化学作用对样品进行去除，其特点是各向异性。干法刻蚀即包括物理刻蚀作用也包括化学刻蚀作用。物理刻蚀是通过加速离子对基板材料表面的撞击，将基板材料表面的原子溅射出来，以离子能量的损失为代价达到刻蚀目的。化学刻蚀是反应等离子体在放电过程中产生的离子和许多化学活性中性物质与基板材料发生化学反应。不同模式的等离子体刻蚀设备表现出不同的物理和化学作用。

　　等离子体刻蚀对世界上几种最大规模的先进制造业起着极为重要的作用。在微电子工业超大规模集成电路的生产中，结合光刻技术，可以完整地将掩膜图形复制到硅片表面，其范围涵盖前端 CMOS 栅极及后端 Via 和 Trench 的刻蚀，包括硅、氧化物、氮化物以及金属铝、钨、有机光刻胶的刻蚀；在光电子领域，用于 Ⅰ-Ⅵ，Ⅲ-Ⅴ 半导体材料、石英光波导及激光器腔面、光栅、镜面刻蚀的制备；在微机电领域，用于各种形状硅等材料的高速率刻蚀。在今天，没有一个集成电路芯片能在缺乏等离子体刻蚀技术的情况下完成。刻蚀设备的投资占整个芯片厂设备投资的 10%~12%，它的工艺水平将直接影响到最终产品质量及生产技术的先进性。

　　等离子体刻蚀在集成电路制造中已有 40 余年的发展历程，自 70 年代引入用于去除光刻胶，80 年代成为集成电路领域成熟的刻蚀技术。刻蚀采用的等离子体源常见的有容性耦合等离子体 CCP（capacitively coupled plasma）、感应耦合等离子体 ICP（Inductively coupled plasma）和微波 ECR 等离子体（microwave electron cyclotron resonance plasma）等。

2　实验原理

　　低温等离子体中电子和离子所带电荷相等，等离子体本体区域是电中性的（$n_i \approx n_e$），但它们与器壁之间会有一个薄的正电荷区，这个区域称为鞘层。为了了解鞘层的形成，我们首先注意到，由于 $m/M \ll 1$，并且 $T_e \geq T_i$，电子的热运动速率 $(eT_i/m)^{1/2}$

至少是离子的热运动速率 $(eT/M)^{1/2}$ 的 100 倍（这里和 T_i 的单位是伏特）。考虑一个宽度为 l，初始密度为 $n_c = n_i$ 的等离子体，它被两个接地的（$\Phi = 0$）极板包围，这两个极板都具有吸收带电粒子的功能，如图 1-4-1 所示。

注：m—电子质量；M—质子质量；T_e—电子温度；T_i—离子温度。

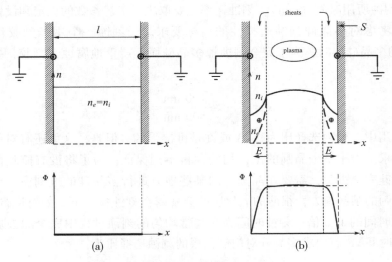

(a) 离子、电子密度和等离子体电位的初始分布；
(b) 鞘层形成后，电子和离子的密度、电场和电位的分布

图 1-4-1　等离子体鞘层的形成

由于静电荷密度 $\rho = e(n_i - n_c)$ 为零，在各处的电势 Φ 和电场 E_x 都为零。所以，具有较高速度的电子不会受到约束，而是会迅速冲向极板并消失掉。于是经过很短的一段时间后，器壁附近的电子损失掉，形成如图 1-4-1 所示的情况：在器壁附近会形成一个很薄（$s \ll l$）的正离子鞘层，在这个鞘层中，$n_i \gg n_e$，所以有净电荷密度 ρ 存在。该电荷密度产生了一个在等离子体内部为正，而在鞘层两侧迅速下降为零的电势分布 $\Phi(x)$。因为在鞘层里的电场方向指向器壁，这个电势分布是一个约束电子的势阱，但对离子而言，它像一个"山峰"。加在电子上的力 $-eE$，指向等离子体内部，会把向器壁运动的电子拉回等离子体中。它对离子的作用恰好相反：进入鞘层的离子会被加速打向器壁。假设等离子体相对于器壁的电势为 V_p，为了能束缚住大多数电子，V_p 应是 T_e 的数倍，离子轰击器壁的能量 ε_i 也应是 T_e 的数倍。

2.1　等离子体刻蚀的工艺指标及选取

利用刻蚀技术把掩模图形转移到硅晶圆上时，其刻蚀工艺过程指标包括刻蚀速率、关键尺寸、关键尺寸的刻蚀偏差、刻蚀选择性、在整个晶圆上的均匀性、表面的质量和工艺的可重复性等。

在集成电路刻蚀中通常是通过先在外延硅晶圆上沉积一层 2 nm 厚的"门氧化层"（例如氮化物），之上再沉积一层 100 nm 厚的多晶硅，最后覆盖一层 500 mm 厚的光刻胶而得到的。若使单个晶圆的处理过程具有商业价值，则需要在几分钟内将光刻胶完

全去除，多晶硅也必须在几分钟内刻蚀掉。这就要求光刻胶最小的刻蚀速率为 $E_{pr} = 250$ nm/min，多晶硅最小的刻蚀速率为 $E_{POly} = 50$ nm/min。

刻蚀速率是指在刻蚀过程中去除材料表面的速度，即用去掉材料的厚度除以刻蚀所用时间，常用单位是 Å/min。刻蚀速率 $= \Delta T/t$，其中，ΔT 是去掉的材料厚度（Å 或 μm），t 是刻蚀所用时间（min）。刻蚀速率主要取决于工艺参数的设定和设备硬件。

接下来考虑对多晶硅刻蚀选择性的指标要求。当刻蚀一个用光刻胶作为掩膜的 100 nm 厚的多晶硅层时，为了完全刻蚀掉多晶硅而不严重地腐蚀光刻胶，要求刻蚀选择比满足

$$s = \frac{E_{poly}}{E_{pr}} \gg \frac{100 \text{ nm}}{500 \text{ nm}} = 0.2$$

在此应用中，刻蚀选择比为 2~3 或许是可接受的。但是，这里还有对另一个选择比的指标要求。由于整个晶圆的工艺均匀性得不到保证，为了将没有掩膜覆盖的各个区城的多晶硅完全去除，需要在晶圆上的某些地方进行多晶硅的过刻蚀。在过刻蚀过程中，在晶圆的某些地方，很薄的氧化层就会暴露在刻蚀粒子下。如果进行 20% 的过刻蚀（刻蚀时间的 1.2 倍，刻蚀时间为在非常均匀的刻蚀过程中完全除去均匀的多晶硅膜所需的时间），就要求多晶硅对门氧化层的刻蚀选择比为

$$s = \frac{E_{poly}}{E_{ox}} \gg \frac{0.2 \times 100 \text{ nm}}{2 \text{ nm}} = 10$$

根据具体情况，有时需要该选择比为 100~200。因此在去除薄膜时，对下层材料的刻蚀选择性是一个非常重要的指标要求。

2.2 刻蚀工艺过程

一般情况下，低气压等离子体工艺有 4 种基本的从物体表面去除材料的过程，即溅射、纯化学刻蚀、离子能量驱动刻蚀和离子-阻挡层复合刻蚀。

溅射就是在载能离子对材料表面的轰击下，原子从材料表面弹出。如图 1-4-2(a) 所示。等离子体为该表面过程提供载能离子，典型的离子能量约为几百伏。溅射是一个没有选择性的过程，在离子能量给定时，溅射产额 γ_{sput} 取决于表面结合能 ε_t 和靶粒子及入射粒子的质量，但对质量的依赖关系较弱。一般情况下，不同材料之间的这些参量相差不会超过 2~3 倍。因此可以粗略地认为，不同材料的溅射速率大致相同。溅射速率一般比较低，因为典型的溅射产额是每个离子溅射出一个原子，等离子体中离子引起的材料表面的溅射速率通常小于能带来商业利润的材料去除速率。但是，离子溅射是各向异性的过程，溅射产额对离子的入射角度非常敏感。通常随着离子入射角度的增加，溅射产额从法向（0°）入射时的某个值增加到（在某个入射角 θ_{max} 处）最大值 γ_{max} 然后开始减小，直到切向（90°）入射时的零值。因此，当离子以法线方向入射到基片上时，它基本上不去除侧壁上的材料。但是，因为溅射产额的峰值在入射角为 $\theta_{max} \neq 0$ 处，所以溅射刻蚀可能实现不了令人满意的图形转印。图 1-4-3 所示为离子以法线方向入射到一个台阶上，在(a)溅射刻蚀前和(b)溅射刻蚀后的情况。由于溅射

产额的峰值在入射角度为 θ_{max} 处，所以溅射刻蚀后台阶的形状已经发生了改变。溅射是这 4 种刻蚀工艺中唯一可以从表面去除非挥发性产物的过程。在用其他工艺刻蚀薄膜时，能去除含量较少的难挥发性成分是很重要的。

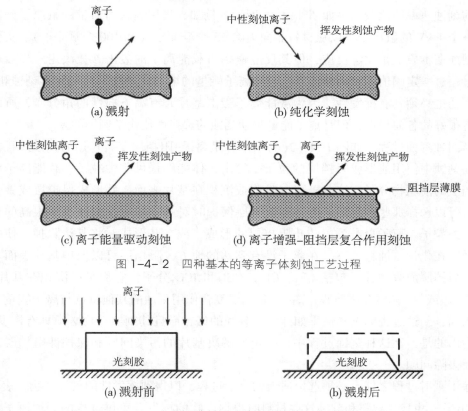

图 1-4- 2　四种基本的等离子体刻蚀工艺过程

图 1-4- 3　由物理溅射导致的光刻胶的多个刻面的形成

　　第二种刻蚀工艺是纯化学刻蚀。在该工艺中，等离子体只提供气相的刻蚀原子或分子，它们与基片表面发生化学反应，生成气相产物。这个过程可以具有很高的化学选择性。举例如下：

$$Si(s) + 4F \rightarrow SiF_4(g)$$

$$光刻胶 + O(g) \rightarrow CO_2(g) + H_2O(g)$$

　　如图 1-4-2 所示，纯化学刻蚀几乎总是各向同性的，这是因为气相刻蚀粒子是以近似均匀的角分布到达基片表面的。因此，除非参与反应的一方是晶体（其反应速率与晶体取向有关），否则可以认为纯化学刻蚀速率是各向同性的。刻蚀产物必须具有挥发性。由于用于材料处理的等离子体到达基片表面的刻蚀粒子通量较大，因此这种刻蚀过程的刻蚀速率可以非常高。但是，在一般情况下，刻蚀速率并不受刻蚀原子到达材料表面的速率的控制，而是受能够形成刻蚀产物的一组复杂的反应中的最慢的某个反应的控制。例如，用氟原子刻蚀硅时，有许多证据表明，对反应速率起控制作用的关键步骤是在材料表面产生的 F⁻ 离子与氟化表面层的反应。

第三种刻蚀过程，如图1-4-2(c)所示，是受离子能量驱动的增强型刻蚀。其中，等离子体既能产生刻蚀粒子（如F原子），又能提供载能离子。刻蚀粒子和载能离子相结合进行刻蚀的效果比单纯用纯化学刻蚀或者只用溅射刻蚀的效果好得多。三种刻蚀方法的刻蚀速率的比较结果如图1-4-4所示。例如，当用高入射通量的氟原子刻蚀硅时，一个1 kV的氩离子可以从材料表面去除25个硅原子（和100个氟原子）。实验表明，刻蚀在本质上是化学反应，但其反应速率由载能离子的轰击参数决定。当轰击离子能量超过一定阈值后，刻蚀速率一般随离子能量的增加而增加。与纯化学刻蚀相同，刻蚀产物也必须具有挥发性。因为载能离子轰击基片时有高方向性的角分布，所以刻蚀具有很好的各向异性，但是离子能量驱动刻蚀的选择性比化学刻蚀的差。

第四种刻蚀过程，如图1-4-2(d)所示，是离子-阻挡层复合作用的刻蚀过程。它需要在刻蚀中使用能形成阻挡层的粒子。等离子体能够提供刻蚀粒子、载能离子和形成阻挡层的前驱物分子，该分子可以吸附或沉积在基片表面，并形成保护层或聚合物薄膜，可以选择那些没有离子轰击和阻挡层保护时对基片的化学刻蚀速率很高的粒子作为刻蚀粒子。离子轰击可以防止阻挡层的形成，或在其形成时将其清除掉，使基片表面暴露在化学刻蚀粒子下。在离子没有到达的地方，阻挡层可以保护基片表面不被刻蚀。阻挡层前驱物分子包括 CF_2、CF_3、CCl_2 和 ICC_3 分子，它们可以沉积在基片上，形成氟-碳或氯-碳聚合物薄膜。离子-阻挡层复合作用刻蚀的其他特点与离子能量驱动刻蚀相同，刻蚀过程的选择性不如纯化学刻蚀的好，而且其刻蚀产物必须具有挥发性。必须指出的是，在这种刻蚀过程中，一定要解决基片的污染问题和保护性阻挡层薄膜的最后去除问题。

除了溅射过程之外，必须选择适当的化学过程，以得到挥发性的刻蚀产物。表1-4-1列出了一些基片材料和刻蚀这些材料时根据产物的挥发性可供选择的刻蚀原子。在某些情况下，可能找不到令人满意的低温化学过程来实现人们想要的刻蚀。例如，用氯刻蚀铜只有在高温情况下才能进行。

表1-4-1 基于产物挥发性的刻蚀原子及基片材料

材料	刻蚀原子
Si，Ge	F，Cl，Br
SiO_2	F，F+C
Si_3N_4，silicides	F
Al	Cl，Br
Cu	Cl（T>210 ℃）
C，organics	O
Cr	Cl，Cl+O
GaAs	Cl，Br
InP	Cl，C+H

2.3 刻蚀实例

图 1-4-4 中的实验数据就清楚地表明了硅的刻蚀速率在不同时间段的变化趋势。图 1-4-4 最左边的时间段表示在达到化学反应平衡的条件下，只用刻蚀气体 XeF_2 刻蚀硅时的速率；在下一时间段中，刻蚀速率增长了约 10 倍，这是因为增加了氩离子对基片的轰击过程（我们用氩离子对基片的轰击来模拟等离子体辅助刻蚀过程）；在最后一个时间段中，因为只存在由离子轰击基片产生的物理溅射，所以刻蚀速率非常低。

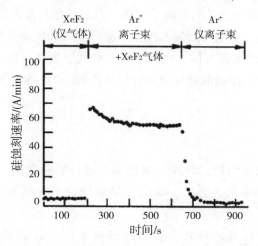

图 1-4-4 刻蚀工艺的等离子体增强效果的实验证明

3 实验设备

本试验采用的容性耦合等离子体（CCP）设备为美国 Nordson-March 公司生产的 AP-600，设备系统示意图如图 1-4-5 所示。该系统由反应腔体、电子控制系统、13.56 MHz 射频电源发生器、自动匹配系统和真空泵（外部系统）组成。该设备具有放电空间大、等离子体产生均匀、可控性强等优点。

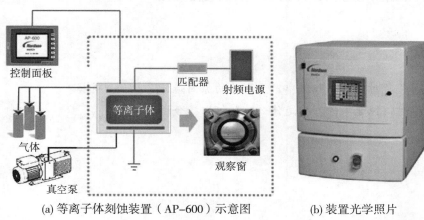

(a) 等离子体刻蚀装置（AP-600）示意图 (b) 装置光学照片

图 1-4-5 等离子刻蚀装置（AP-600）

　　AP-600 是完全自包含的系统，最小化占用桌面的面积。系统机架将等离子腔体、电子控制、13.56 MHz 射频发生器、自动调谐网络（仅仅真空泵是独立于系统之外的）都包含在内。设备维护是通过一个互锁门和可拆箱面板来进入设备内部的。等离子腔体是由高质量的铝和铝固定装置构成的，具有良好的耐用性。等离子腔体支持最多达到 7 层可以移动电源或接地电极板，以适合广泛的零件、元件、载具、托盘、料盒或各种舟。

　　AP-600 系统适合多种多样的等离子清洗、表面活化和改善附着力等应用。这些能力可以用于半导体制造、微电子封装和组装、医疗设备和生命科学器件的制造等。AP-600 系统能够适合广泛的工艺气体，包括氩气、氧气、氢气、氮气及氟化气体，通过 2 个标准配置的气体流量控制器能较好地进行气体控制。AP-600 系统还可以选配 2 路气体，即最多可达 4 路。

4　实验内容

　　使用该去胶机去除光刻胶，计算刻蚀速率。进行实验之前，先检查设备配电及气路情况，并用无水乙醇清洁工艺腔。事先测量好硅片上光刻胶的厚度，并做好记录。整个验证过程思路如下：

　　实验一：只取一片硅片，将其垂直放在硅舟上面。设定实验参数：压力为 20~60 Pa，N_2 与 O_2 的流量比为 1:4，射频源功率为 200~800 W，等离子体持续时间为 6~15 min。设计比较不同参数（压力、功率、时间等）下的刻蚀速率；

　　实验二：初步分析影响刻蚀速率及均匀性的因素。

5　结果表征

　　通过配合台阶仪测试结果，计算刻蚀速率，并通过扫描电镜对所得样品的表面进行表征。并绘制刻蚀速率随等离子体条件的变化曲线。

思考题

　　1. 不同气氛对刻蚀沉积速率产生影响的原因是什么？如何选择？

　　2. 功率对刻蚀速率的影响是什么？如何选择合适功率。

实验 1-5 等离子体增强化学气相沉积

1 实验简介

等离子体增强化学气相沉积（plasma enhanced chemical vapor deposition－PECVD）是借助于等离子体放电，使含有薄膜组份的气态物质发生激发、离解或者电离，生成具有比原来基态气体分子更高能量的活性组分并输运到基底表面发生物理和化学反应，从而实现薄膜材料生长的一种新的制备技术。

与由一系列热能激发的气相和表面反应的纯化学气相沉积(chemical vapor deposition－CVD)不同，PECVD 中低气压放电的电子温度（T_e）约为 2~5 V，很容易满足原料气体分解的需要，等离子体的特性能够控制或强烈影响气相反应，并且经常会影响表面反应。由于 T_e 远高于衬底（和重粒子）的温度，有效地利用了非平衡等离子体的反应特征，从根本上改变了反应体系的能量供给方式，可以在更低的基底温度下获得较高质量的薄膜材料，尤其适合温度敏感的基底表面的薄膜沉积，并具有良好的衬底附着性，在太阳能电池钝化层、异质结太阳能电池、大规模集成电路的刻蚀掩膜层、电流阻挡层、钝化保护层和介质隔离层、封装层、平板显示器中的薄膜晶体管、静电印刷中的感光硒鼓以及光学器件、MEMS 等领域都具有广泛的应用。如要获得芯片封装需要的绝缘效果的氮化硅（Si_3N_4）薄膜，化学气相沉积（CVD）需要 900℃ 的沉积温度，如此高的温度会导致铝熔化，毁坏器件。而采用等离子体增强化学气相沉积（PECVD）氮化硅(Si_3N_4)薄膜，可在约 300℃ 下进行，可以应用于器件最终封装的绝缘层材料。利用硅烷 SiH_4 放电生长的非晶硅 a-Si：H，可以在多种衬底材料，包括玻璃、金属、聚合物以及陶瓷上大面积沉积，价格低廉。

2 实验目的

（1）掌握 PECVD 设备的基本操作规范。

（2）掌握薄膜表征得常用测试表征手段（紫外可见光谱仪，扫描电镜等）。

（3）了解不同沉积过程的条件对薄膜性能及参数的影响。

3 实验原理

3.1 等离子体增强化学气相沉积的主要过程

采用 PECVD 技术制备薄膜材料时，薄膜的生长主要包含以下三个基本过程（图 1

-5-1所示）：

其一，在非平衡等离子体中，电子与反应气体发生初级反应，使得反应气体发生分解，形成离子和活性基团的混合物；

其二，各种活性基团向薄膜生长表面和管壁扩散输运，同时发生各反应物 之间的次级反应；

其三，到达生长表面的各种初级反应和次级反应产物被吸附并与生长表面发生反应，同时伴随有气相分子物的再放出。

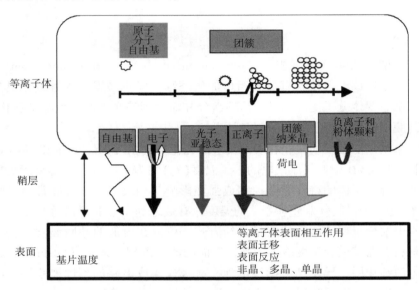

图 1-5-1 PECVD 主要反应过程

在辉光放电的等离子体中，电子经外电场加速后，其动能通常可达 10 eV 左右，甚至更高，足以破坏反应气体分子的化学键，因此，通过高能电子和反应气体分子的非弹性碰撞，就会使气体原子或者分子产生激发、离解、电离等反应，产生高能态的自由基、离子等活性粒子。由于电子和离子速度差异，电极附近产生的鞘电压会对离子有较大的加速作用，使衬底受到某种程度的离子轰击。分解产生的中性活性粒子扩散到达管壁和衬底，这些粒子漂移和扩散的过程中，由于平均自由程很短，相互之间会发生反应，到达衬底并在表面产生吸附、扩散等反应，这些活性粒子化学性质都很活泼，容易相互反应从而形成薄膜。

等离子体在化学气相沉积过程中的作用如下：

（1）将反应物中的气体分子激活成活性离子，从而降低反应需要的温度；

（2）加速反应物在表面的扩散作用（表面迁移率），提高成膜的速率；

（3）对于基体及膜层表面具有溅射清洗作用，溅射掉那些结合不牢的粒子，从而加强形成的膜层与基体的结合力；

（4）由于反应物中的原子、分子、离子和电子之间的碰撞、散射作用，使形成的薄膜厚度变得均匀。

3.2 等离子体气相反应

由于辉光放电过程中对反应气体的激励主要是电子碰撞，因此等离子体气相基元反应较多，而且等离子体与固体表面的相互作用也非常复杂，机理研究难度较大。迄今为止，许多重要的反应体系都是通过实验使工艺参数最优化，从而获得具有理想特性的薄膜。因为 PECVD 中涉及到中性气相前驱物之间的化学反应，所以使用的放电气压范围为 13.3~1330 Pa，远高于等离子体辅助刻蚀反应中的气压，中性粒子的平均自由程较小，大约为 0.003~0.3 mm。等离子体密度约为 $10^9 \sim 10^{11}$ cm^{-3}，电离率较低，约为 $10^7 \sim 10^{-4}$。电子温度（T_e）约为 2~5 V，T_e 远高于衬底（和重粒子）的温度，很容易满足原料气体分解的需要。

下面以硅烷等离子体 PECVD 沉积硅基薄膜主要的气相反应为例，了解等离子体气相发生的反应。在辉光放电条件下，由于 SiH$_4$ 硅烷等离子体中的电子具有数个电子伏特以上的能量，会产生如下的碰撞电离反应：

$$SiH_4 \xrightarrow{e} SiH_4^* \rightarrow SiH_3 + H \qquad (\Delta_r H = +4.3 eV/mc)$$

$$\rightarrow SiH_2 + H_2 \qquad (\Delta_r H = +2.6)$$

$$\rightarrow SiH_2 + 2H \qquad (\Delta_r H = +7.2)$$

主要有如下的三种活性粒子：

$$SiH_2 + SiH_4 \rightarrow Si_2H_6^* \xrightarrow{M} Si_2H_6$$

$$SiH_2 + Si_n Si_{2n+2} \rightarrow Si_{n+1}H_{2n+4}^* \xrightarrow{(M)} Si_{n+1}H_{2n+4}$$

3.3 生长表面的成膜反应

硅烷等离子体中同时发生着各种十分复杂的基元反应，使得硅薄膜材料生长过程及其机理的研究存在着非常大的困难。不过硅烷等离子体中的离化基团只是在低气压（<0.665 Pa）高电离的等离子体条件下才对薄膜沉积有显著的贡献，在一般硅薄膜的沉积条件下，各种中性基团的含量远远大于离化基团，SiH$_4$ 分解产生的中性基团是薄膜生长过程中最重要的活性物质。因此，在通常的 PECVD 法沉积硅薄膜的生长过程中，固态生长表面与被其吸附的气相产物之间的反应起支配作用，而且等离子体的中性基团占主导地位。PECVD 中沉积速率取决于某种影响最强的物理过程，其中最快的基元反应决定了反应的主要过程，而最慢的基元反应决定了沉积速率。PECVD 反应表面活化能一般很小，偶尔会是负数。因此沉积速率通常受衬底温度（T）的影响不大。然而，薄膜的性质（如组分、应力和形貌等）通常随衬底温度的变化而发生很大的变化。因此，T 常常需要优化以获得理想的薄膜特性。

3.4 PECVD 的种类

3.4.1 射频等离子体增强化学气相淀积（RF-PECVD）

等离子体化学气相淀积是在低压化学气相淀积的同时，利用辉光放电等离子对过程施加影响，在衬底上制备出多晶薄膜。这种方法是日本科尼卡公司在 1994 年提出的，其等离子体的产生方法多采用射频法，故称为 RF-PECVD。其射频电场采用两种不同的耦合方式，即电感耦合和电容耦合。

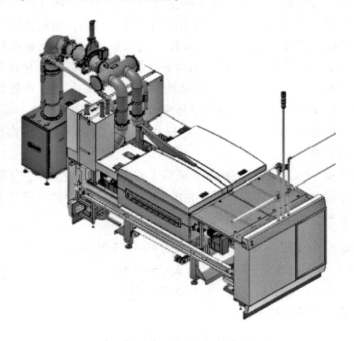

图 1-5-2 商用 PECVD 薄膜沉积设备

3.4.2 甚高频等离子体化学气相淀积（VHF-PECVD）

采用 RF-PECVD 技术制备薄膜时，为了实现低温淀积，必须使用稀释的硅烷作为反应气体，因此淀积速度有限。VHF-PECVD 技术由于 VHF 激发的等离子体比常规的射频产生的等离子体电子温度更低、密度更大，因而能够大幅度提高薄膜的沉积速率，在实际应用中获得了更广泛的应用。

3.4.3 介质层阻挡放电等离子体增强化学气相淀积（DBD-PECVD）

DBD-PECVD 是绝缘介质插入放电空间的一种非平衡态气体放电（又称介质阻挡电晕放电或无声放电）。这种放电方式兼有辉光放电的大空间均匀放电和电晕放电的高气压运行特点。

3.4.4 微波电子回旋共振等离子体增强化学气相沉积（MWECR-PECVD）

MWECR-PECVD 是利用电子在微波和磁场中的回旋共振效应，在真空条件下形成高活性和高密度的等离子体进行气相化学反应，在低温下形成优质薄膜的技术。这种方法的等离子体由电磁波激发产生，其常用频率为 2450 MHz，通过改变电磁波光子能量可直接影响气体分解成粒子的能量和生存寿命，从而对薄膜的生成和膜表面的处理机制产生重大影响，并从根本上决定生成膜的结构、特性和稳定性。

4 实验内容

使用东华大学等离子体应用实验室（PPAL）开发的 GS-350 等离子体刻蚀及沉积系统，采用 $Ar/O_2/HMDSO$ 反应体系制备 SiO_2 薄膜，并比较不同沉积时间、功率、气体配比等反应参数制备薄膜的宏观和微观性能。

5 实验仪器

实验采用东华大学等离子体应用实验室（PPAL）开发的 GS-350 等离子体刻蚀及沉积系统，包括：真空系统、气路系统、射频电源及馈入系统、等离子体放电及反应腔体等。

图 1-5-3　GS-350 等离子体刻蚀及沉积系统

6 实验指导

6.1 实验重点

（1）了解 PECVD 系统各部分的组成及工作原理。

（2）掌握 PECVD 系统的安全操作方法及步骤。

（3）学习如何通过 PECVD 获得高质量的薄膜并调节其结构特性。

6.2 实验步骤

6.2.1 实验前准备

将石英片切成 2 cm×2 cm 的薄片，用乙醇超声清洗 5 min，再用去离子水冲洗 3 次，通过真空干燥箱 120 ℃烘干备用。

检查装置的气路和电路连接。

6.2.2 开机过程

（1）打开 Ar 和 O_2 钢瓶，检查减压阀的示数，此压力表须大于 413.7 kPa，MFC 才可正常工作。

（2）检查装置的气密性。

（3）打开设备电源，待设备运行指示灯稳定后，按下真空泵的 start 按钮，启动真空泵。

（4）打开设备的冷却水，先打开出水阀，再打开进水阀，控制压力在 $3 \sim 6 \ \mathrm{kg/cm^2}$ 范围内。

（5）启动 CMI 程序，输入开机密码，检查设备状态。

6.2.3 操作过程

（1）选择工艺程序，设置实验所需的参数。设置每一路气路中的气体流量，设置放电腔内气压值，设置上下电极的温度，设置等离子体放电功率，设置放电时间。

（2）将石英片放入放电腔内，关闭放电腔的盖子并锁紧。

（3）通过控制面板来控制真空泵对放电腔进行抽真空处理，待真空度达到预设值。

（4）通入 Ar，5 min 后待气流稳定以后，将 RF 馈入产生等离子体，请注意放电是否稳定，如果有弧光现象请关掉射频 RF，调整真空度，等离子体功率，Ar 气流量等参数，确认放电稳定。

（5）通入 O_2 以及 HMDSO（由载气输运）。

（6）当气相沉积完成后，关闭载气和 O_2，并维持 Ar 气流量的情况下降温，当电极温度降到室温后，才可打开腔体取出样品。

6.2.4 关机过程

（1）检查确认实验已经完毕，将石英基片从腔内取出。

（2）先关闭 CMI 程序，再关闭计算机。

（3）关闭气源。

（4）关闭冷却水，先关进水，再关出水。

（5）关闭真空泵，按真空泵面板上"OFF"按钮。

（6）关闭总电源。

6.2.5 薄膜表征

（1）自行设计薄膜结构特性的合适的表征方法及参数。

（2）测试薄膜的结构和特性。

7 实验数据处理

自拟表格，需要设计实验和记录参数，包括：放电气体、流量、气体配比、压力、功率、诊断参数、薄膜特性表征参数等。分析结构特性和沉积条件之间的关系。

思考题

结合实验设计和结果，分析 PECVD 过程中，各等离子体参数对薄膜结构特性的影响及原因。

查找资料，分析 $Ar/O_2/HMDSO$ 反应体系制备 SiO_2 薄膜主要的等离子体气相与表面反应过程与机理。

实验 1-6　磁控溅射法制备金属薄膜

1　实验简介

　　随着现代科技发展的需求，真空镀膜技术得到了迅猛发展。薄膜技术可改变工件表面性能，提高工件的耐磨损、抗氧化、耐腐蚀等性能，延长工件使用寿命，具有很高的经济价值。薄膜技术能满足特殊使用条件和功能对新材料的要求。磁控溅射技术可制备超硬膜、耐腐蚀摩擦薄膜、超导薄膜、磁性薄膜、光学薄膜，以及各种具有特殊功能的薄膜，是一种十分有效的薄膜沉积方法，在工业薄膜制备领域的应用非常广泛。

2　实验原理

2.1　溅射

　　溅射是指具有一定能量的粒子轰击固体表面，使得固体分子或原子离开固体，从表面射出的现象。溅射镀膜是指利用粒子轰击靶材产生的溅射效应，使得靶材原子或分子从固体表面射出，在基片上沉积形成薄膜的过程。磁控溅射是在辉光放电的两极之间引入磁场，电子受电场加速作用的同时受到磁场的束缚作用，运动轨迹成摆线，增加了电子和带电粒子以及气体分子相碰撞的几率，提高了气体的离化率，降低了工作气压，而 Ar^+ 离子在高压电场加速作用下，与靶材撞击并释放能量，使靶材表面的靶原子逸出靶材飞向基板，并沉积在基板上形成薄膜，图 1-6-1 所示为平面圆形靶磁控溅射原理，图 1-6-2 为磁控溅射原理图。可以看出，电子被洛伦兹力 $F = e\,(V \times B)$ 束缚在非均匀磁场中，增强了氩原子的电离。

　　溅射的特点是：

　　（1）溅射粒子（主要是原子，还有少量离子等）的平均能量达几个电子伏，比蒸发粒子的平均动能 kT 高得多（3000 K 蒸发时平均动能仅 0.26 eV），溅射粒子的角分布与入射离子的方向有关；（2）入射离子能量增大（在几千电子伏范围内），溅射率（溅射出来的粒子数与入射离子数之比）增大。入射离子能量再增大，溅射率达到极值；能量增大到几万电子伏，离子注入效应增强，溅射率下降；（3）入射离子质量增大，溅射率增大；（4）入射离子方向与靶面法线方向的夹角增大，溅射率增大（倾斜入射比垂直入射时溅射率大）；（5）单晶靶由于焦距碰撞（级联过程中传递的动量愈来愈接近原子列方向），在密排方向上发生优先溅射；（6）不同靶材的溅射率很不相同。

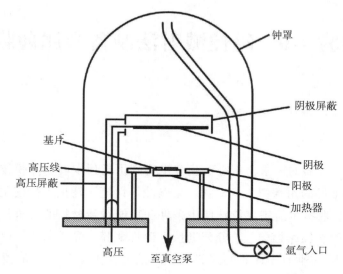

图 1-6-1　简单的溅射装置图

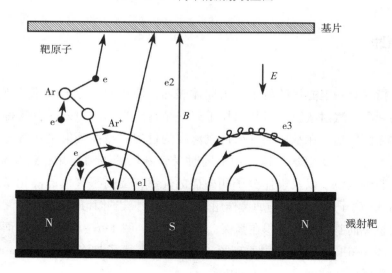

图 1-6-2　平面圆形靶磁控溅射原理图

2.2　磁控溅射

通常的溅射方法，溅射效率不高。为了提高溅射效率，首先需要增加气体的离化效率。为了说明这一点，先讨论一下溅射过程。

当经过加速的入射离子轰击靶材（阴极）表面时，会引起电子发射，在阴极表面产生的这些电子，开始向阳极加速后进入负辉光区，并与中性的气体原子碰撞，产生自持的辉光放电所需的离子。这些所谓初始电子（primary electrons）的平均自由程随电子能量的增大而增大，但随气压的增大而减小。在低气压下，离子是在远离阴极的地方产生，从而它们的热壁损失较大，同时，有很多初始电子可以较大的能量碰撞阳极，所引起的损失又不能被碰撞引起的次级发射电子抵消，这时离化效率很低，以至于不能达到自持的辉光放电所需的离子。通过增大加速电压的方法也同时增加了电子的平均自由程，也不能有效地增加离化效率。虽然增加气压可以提高离化率，但在较高的气压下，溅射出的粒子与气体的碰撞的机会也增大，实际的溅射率也很难有大的提高。

如果加上一平行于阴极表面的磁场，就可以将初始电子的运动限制在邻近阴极的区域，从而增加气体原子的离化效率。常用磁控溅射仪主要有圆筒结构和平面结构，如图 1-6-3 图所示。这两种结构中，磁场方向都基本平行于阴极表面，并将电子运动有效地限制在阴极附近。磁控溅射的制备条件通常是：加速电压 300～800 V，磁场约 $(50～30) \times 10^5$ T，气压 0.133～1.330 Pa，电流密度为 4～60 mA/cm^2，功率密度为 1～40 W/cm^2，对于不同的材料最大沉积速率范围从 100 nm/min 到 1000 nm/min。同溅射一样，磁控溅射也分为直流（DC）磁控溅射和射频（RF）磁控溅射。射频磁控溅射中，射频电源的频率通常在 50～30 MHz。射频磁控溅射相对于直流磁控溅射的主要优点是：它不要求作为电极的靶材是导电的。因此，理论上利用射频磁控溅射可以溅射沉积任何材料。由于磁性材料对磁场的屏蔽作用，溅射沉积时它们会减弱或改变靶表面的磁场分布，影响溅射效率。因此，磁性材料的靶材需要特别加工成薄片，尽量减少对磁场的影响。

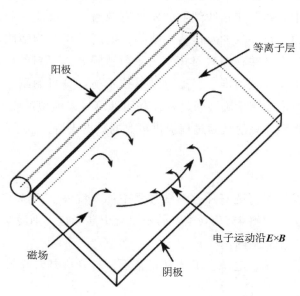

图 1-6-3　磁控溅射原理图

针对单靶非平衡磁控溅射较难沉积出均匀薄膜等问题，研究者研制出了一系列的多靶非平衡磁控溅射，根据磁场的分布方式可以分为相邻磁极相反的闭合磁场非平衡磁控溅射和相邻磁极相同的镜像磁场非平衡磁控溅射，如图1-6-4所示。

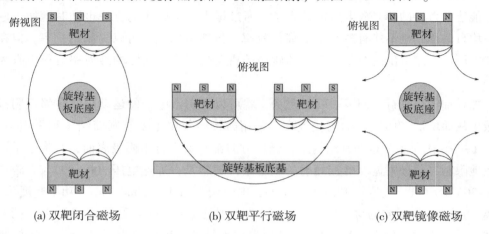

(a) 双靶闭合磁场　　　　(b) 双靶平行磁场　　　　(c) 双靶镜像磁场

图1-6-4　双靶非平衡磁控溅射

平衡磁控溅射系统，对复杂基体的均匀沉积，尤其是反应溅射十分有效。六靶非平衡磁控溅射系统目前尚未成熟应用。

磁控溅射技术由于其显著的优点成为工业镀膜的主要技术之一。非平衡磁控溅射改善了等离子体区的分布，提高了薄膜的质量，多靶闭合式非平衡磁控溅射大大提高了薄膜的沉积速率。中频溅射和脉冲溅射的发展有效避免了反应溅射过程中的靶中毒和打弧现象，稳定镀膜过程，减少薄膜结构缺陷，提高了化合物薄膜的沉积速率。高速溅射、自溅射和高功率脉冲磁控溅射技术为溅射镀膜开辟了新的应用领域。在未来的研究中，新技术向工业领域的推广、磁控溅射技术与计算机的结合已成为一个研究方向，如何利用计算机来控制精确镀膜过程，利用计算机来模拟镀膜时的磁场、温度场、以及气流分布，必将能给溅射镀膜过程提供可靠的数据支持，也是经济有效的方法。

3　实验内容

（1）用超声波发生器清洗基片，清洗过程中加入洗液，清洗干净后在氮气保护下干燥。干燥后，将基片倾斜45°角观察，若不出现干涉彩虹，则说明基片已清洗干净。

（2）将样品放入样品室内。

（3）检查水源、气源、电源，确认其正常后，打开冷却水循环装置，向样品室内充入氮气。

（4）抽真空。首先用机械泵抽真空，室内气压达到极限0.1Pa后，打开分子泵抽真空，使室内气压达到4.5×10^{-3}Pa以下。

（5）开始放入Ar气体，关小机械泵阀门，使Ar气压在$(5.5\sim6.0)\times10^{-1}$Pa。

（6）在两极之间加上电压，对基片进行溅射镀铜或铝膜。

（7）改变实验条件制备不同的薄膜，用台阶仪及扫描电镜对制备好的薄膜进行观察，分析实验条件对薄膜形貌的影响。

4　实验数据处理

自拟表格，需要记录的参数包括：放电气体、流量、压力、功率、诊断参数等。

思考题

1. 磁控溅射镀膜仪有哪些类型？
2. 磁控溅射镀膜的适用范围。

实验 1-7 原子层沉积法制备纳米薄膜的实验原理及工艺流程

1 实验简介

原子层沉积（Atomic Layer Deposition，ALD）技术，亦称原子层外延技术，是一种基于有序、表面自饱和反应的化学气相薄膜沉积技术，它可以实现将物质以单原子膜形式一层一层镀在基底表面上。采用原子层沉积技术制备的薄膜在厚度的均匀性、薄膜密度、台阶覆盖、界面质量、低温层积、工业适用性这些方面均表现非常优异，但在层积速率和可选原料种类方面有一定局限性。原子层沉积（ALD）技术最初是由芬兰科学家提出，并用于多晶荧光材料 ZnS、Mn 以及非晶 Al_2O_3 绝缘膜的研制，这些材料用于平板显示器。然而，受限于其复杂的表面化学过程等因素，原子层沉积技术在最开始并没有取得较大发展。直到 20 世纪 90 年代中期，硅半导体的发展使得原子沉积的优势真正得以体现，掀起了人们对 ALD 研究的热潮。经过将近 30 年的发展，ALD 技术术在催化、半导体、光学等众多领域都发挥着十分重要的作用，得到了成功地应用，成为功能薄膜制备中的一项关键技术。当前，纳米薄膜的制备方法多种多样且愈发成熟，也各具特色和不足，主要有物理气相沉积法（PVD）和化学气相沉积法（CVD）。原子层沉积法（ALD）从本质上来说属于化学气相沉积法（CVD）的一种，靠物源发生化学反应生成薄膜沉积在基底表面，但又与传统的化学气相沉积法（CVD）不同。原子层沉积法（ALD）通过惰性气体将汽化的物源载入腔体发生自饱和化学反应，具有互补性和自限制性，通过设置循环次数能够精准地控制膜厚，生成的薄膜均匀性好且与半导体 CMOS 工艺具有高度兼容性。随着适应各种制备需求的商品化 ALD 设备的研制成功，无论在基础研究还是实际应用方面，原子层沉积技术都受到人们越来越多的关注。

2 实验目的

（1）了解原子层沉积（ALD）的基本原理。

（2）了解 ALD 技术制备纳米薄膜的主要优势。

（3）了解 ALD 设备的基本操作流程。

3 实验原理

原子层沉积技术是指通过将气相前驱体交替脉冲通入反应室并在沉积基体表面发生气-固相化学吸附反应形成薄膜的一种方法。

如图 1-7-1 所示,原子层沉积过程由 A、B 两个半反应分四个基元步骤进行:

(1)前驱体反应物 A 脉冲吸附反应。

(2)惰性气体吹除多余的反应物及副产物。

(3)前驱体反应物 B 脉冲吸附反应。

(4)惰性气体吹除多余的反应物及副产物,然后依次循环从而实现薄膜在衬底表面逐层生长。

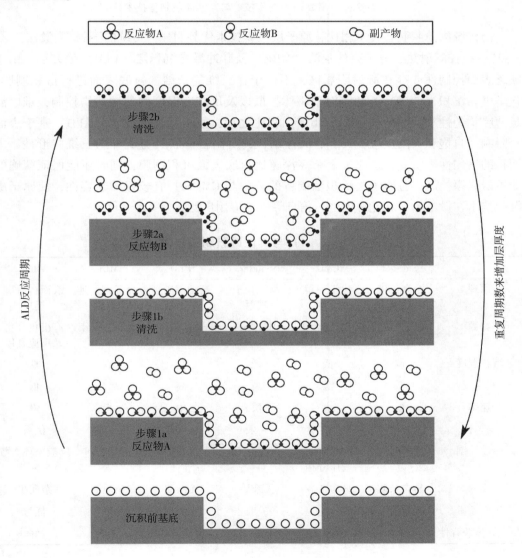

图 1-7-1 ALD 过程示意图

图 1-7-2 和表 1-7-1 列出了原子层沉积技术和其他薄膜制备技术的对比。

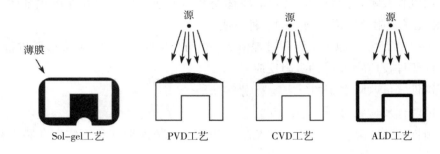

图 1-7-2　ALD 薄膜制备技术与其他薄膜制备技术

与传统的薄膜制备技术相比，原子层沉积技术优势明显。传统的溶胶-凝胶法（sol-gel）、磁控溅射法、分子束外延法（MBE）及脉冲激光沉积法（PLD）等方法，由于缺乏表面控制性或存在溅射阴影区，不适于在三维复杂结构衬底表面进行沉积制膜。化学气相沉积（CVD）方法需对前驱体扩散以及反应室温度均匀性严格控制，难以满足薄膜均匀性和薄厚精确控制的要求。相比之下，原子层沉积技术（ALD）基于表面自限制、自饱和吸附反应，具有表面控制性，所制备薄膜具有优异的三维共形性、大面积的均匀性等特点，适应于复杂高深宽比衬底表面沉积制膜，同时还能保证精确的亚单层膜厚控制，且原子层沉积法制备的薄膜与 CMOS 具有较好的兼容性，使原子层沉积技术在微电子、新能源电池、信息等领域应用广泛。

表 1-7-1　ALD 与其他薄膜制备技术对比

	Sol-gel	CVD	Sputter	PLD	MBE	ALD
原理	金属溶液化合	化学气相反应	高能粒子溅射	高功率激光至电子束蒸发	分子束外延	表面自适应反应
物源	金属无机盐或金属醇盐	有机化合物	固体靶材	固体靶材	气态分子束	有机化合物及反应气体
沉积温度	低	低	低	高	高	低
真空度	低	低	高	高	超高	低
速率	慢	块	块	中	慢	慢
均匀性	一般	好	一般	一般	一般	优秀
厚度控制	涂覆时间	沉积时间气压分相	沉积时间	沉积时间	沉积时间	反应循环次数
成分	易含杂质	易含杂质	无杂质	无杂质	杂质少	杂质少
界面品质	一般	好	一般	好	好	优秀
与半导体兼容性	好	好	好	优秀	一般	好

4 实验内容

4.1 衬底准备与清洗

（1）先将硅片切成 1 cm×1 cm 形状若干片，用镊子夹取硅片，放入培养皿中。

（2）将硅片浸没在丙酮中，超声清洗 10 min。

（3）将丙酮倒入废液桶中，加入无水乙醇至浸没硅片，超声清洗 10 min。

（4）将无水乙醇倒入废液桶中，加入去离子水至浸没硅片，超声清洗 10 min。

（5）取出硅片，放到烘箱中干燥备用。

4.2 仪器准备工作

（1）打开设备总电源，打开泵开关。

（2）打开气瓶：与 MFC 连接气体（载气或者反应气体）减压阀调节至 0.1 MPa（0.1～0.3 MPa）；空压机或者普通气体减压阀调节至 0.5 MPa（0.4～0.6 MPa）；进入界面："Control"→Pump→"ON"，抽真空约 1 min 可到极限真空。

（3）设置温度及预热腔体温度设置："Configuration"设置 TE-R1、TE-R2 温度，TE-R2 高于 TE-R 130～50℃；管路、阀门温度设置：Line1—150℃，Line2—150℃，DV—PL1—150℃，DV—PL2—150℃，VV1—200℃。

（4）源瓶加热套温度设置：CL1。

（5）排空管路：

① 确定设备已处于真空状态，观察 P 压力值；

② 确定腔体与管路阀门均已加热至设置温度并受热均匀；

③ 确定源瓶手动阀已经处于关闭状态；

④ 进入"Control"，设置参数，Precursor1：Pulse（ms）—100；Purge（s）—10；Cycles—20；Progress 点击"RUN"；

结束后脉冲压力基线应呈水平状态，无峰值；如循环 20 次后仍有峰值出现，重复运行一次。

⑤ Precursor 2 重复上述步骤。

4.3 沉积实验

（1）放样品：进入界面："Control"→Pump→"OFF"，设置 MFC-N$_2$ 流量为 100 mL/min，腔室充气至 1 个大气压，设置 MFC-N2 为 0，打开腔室门并将样品放进腔体内。

（2）抽真空：进入界面："Control"→Pump→"ON"，系统抽至真空状态。

（3）参数设置（Control）：

① 设置 Pulse 值，单位为 ms。

② 设置 Purge 值，单位为 s。

③ 设置 Wait 值，单位为 s，暴露模式需要设置，其他设置为 0。

④ 设置总循环次数。

4.4 工艺开始

（1）打开源瓶手动阀。

（2）确定设备已处于真空状态，观察压力值。

（3）确定真空腔室与管路阀门均已加热至设置温度。

（4）设置 MFC1 流量，一般设置为 20 mL/min。

（5）Progress 点击"RUN"。

4.5 工艺结束

取样品：进入界面"Control"→Pump→"OFF"，设置 MFC1 流量为 100sccm，腔室充气至 1 个大气压，设置 MFC1 为 0，打开腔室门并取出样品。

4.6 排空管路

（1）抽真空：进入界面"Control"→Pump→"ON"。

（2）关闭前驱体源手动阀。

（3）进入"Control"，设置参数，Precursor 1：Pulse（ms）—100；Purge（s）—10；Cycles—20；Progress 点击"RUN"。

结束后脉冲压力基线应呈水平状态，无峰值；如循环 20 次后仍有峰值出现，重复运行一次。

（4）Precursor 2 重复上述步骤。

4.7 关闭设备

（1）MFC 设置为 0。

（2）腔体温度，阀门及管路温度，源瓶加热套温度设置为 0。

（3）进入界面"Control"→Pump→"OFF"。

（4）关闭泵开关，关闭设备总电源。

（5）关闭气体。

5 实验仪器

镊子，石英片，烧杯，丙酮，酒精，去离子水，超声清洗仪，干燥箱，无锡迈纳德微 ALD 系统、型号（MNT-M100）。

6 实验指导

（1）实验所用硅片必须经过清洗和干燥后才可放入腔体中。

（2）开启仪器前检查并确保前驱体源瓶已安装在设备上。

（3）仪器温度设定好后，需等待约 60 min，使整个设备受热均匀，才能进行下一步操作。

（4）实验结束后，对管道进行排空和清洗。

7　实验数据处理

在实验中，更改 Control 内参数设置，分别在两片硅片上沉积纳米薄膜，具体参数如下：

（1）Pulse(ms)—100;Purge(s)—10;Cycles—20。

（2）Pulse(ms)—100;Purge(s)—10;Cycles—40。

观察并比较两份薄膜的异同之处。可对薄膜的微观形貌和光电性能进行测试，以分析不同循环次数对薄膜形貌及光电性能的影响。

思考题

1. 原子层沉积技术（ALD）与传统化学气相沉积技术（CVD）的相同之处和不同之处？

2. 反应物和生成物多余的气体是怎样排出管道的？

3. ALD 系统中，调节控制页面的脉冲参数的目的是什么？

第二章　检测测量技术

实验 2-1　MOSFET 器件特性的测量与分析

1　实验简介

当今世界，在各类半导体器件中，晶体管是一种极其重要的三端器件，晶体管有两个非常重要的工作模式，即放大模式和开关模式。一个晶体管具体工作在什么模式，是由外围电路决定的。根据晶体管工作的物理过程的不同，晶体管主要分成两类，一类是双极结型晶体管（BJT），另一种则是本实验中要学习测试的场效应晶体管（FET/MOSFET）。与双极结型晶体管相比，MOSFET 的一个关键优势是，它几乎不需要输入电流来控制负载电流，同时还具有更快的开关速度、制造成本相对较低、更小的尺寸以及易大规模集成等诸多优点。

MOSFET（全称：金属氧化物半导体场效应晶体管）是由 Mohamed M. Atalla 和 Dawon Kahng 于 1959 年在贝尔实验室发明的，它是一种绝缘栅场效应晶体管，通过对半导体（通常是硅）进行可控氧化而制造，覆盖栅极的电压决定了该器件的导电性，它可以用于放大或开关电信号。MOSFET 是现代电子学的基本构件，也是历史上制造频率最高、用途最广泛的器件，它是数字和模拟集成电路（IC）中最主要的半导体器件，也是最常见的功率器件。随着光刻技术和器件结构的迅猛发展，MOSFET 现已被微型化并大规模生产，给电子工业和世界经济带来了巨大变革，并成为数字革命、硅时代和信息时代的核心。

MOSFET 既可以作为 MOS 集成电路芯片的一部分来制造，也可以作为分立的 MOSFET 器件（如功率 MOSFET）来制造，既可以采用单栅形式，也可以有多栅控制的晶体管。按照沟道导电类型的不同，可分为 PMOS 和 NMOS，按照导电方式的不同，可分为增强型 MOS 和耗尽型 MOS。随着 MOSFET 的不断发展，MOSFET 中的栅极不一定采用金属，也可以使用多晶硅，中间介质除了氧化物之外，还可以使用不同的电介质材料。

2　实验目的

（1）通过实验熟悉 MOSFET 的工作原理。

（2）通过测试和绘图加深对 MOSFET 核心性能参数的理解。

（3）掌握 4200 半导体分析测试系统的基本操作。

3 实验原理

3.1 MOSFET

　　金属—氧化物—半导体场效应晶体管（MOSFET）是典型的一类场效应晶体管。对于一般的 n 沟 MOSFET，如图 2-1-1 所示，导电沟道从源延伸到漏，栅在器件的上方，和沟道是电绝缘的，加在栅极和源极之间的电压（V_{GS}）通过改变绝缘区的电场来控制沟道中载流子的通过情况。在连接电路时，为了保证电流只在源、漏之间流动，不进入衬底（FET 和衬底之间的 pn 结不正偏），器件衬底通常和源极相连。由于载流子不能流入衬底，也不能通过栅极流动，所以它们会被限制在沟道中，在适当的偏置条件下，这些载流子可以在源和漏之间流动，从而在沟道中产生电流，我们把此电流称为漏极电流 I_D。

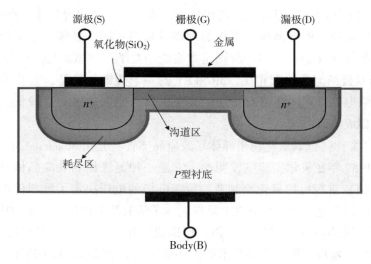

图 2-1-1　典型的 NFET 器件剖面图

3.2 MOSFET 的输出曲线

　　图 2-1-2 显示了典型 NFET 的电学特性。图中画出了不同控制电压 V_{GS} 下的沟道电流 I_D 与沟道电压 V_{DS} 的函数关系，这条曲线通常也称为 FET 的输出曲线。曲线大致分三个区域：（亚）线性区、饱和区和亚阈值区。定义阈值电压 V_T 为产生给定的沟道电流所需要的 V_{GS}，当栅压低于阈值电压时，无论源、漏电压取何值，沟道电流都很小，通常被认为是零，这一区域就被称为亚阈值区。当栅压高于阈值时，即有电流流动，并且随着源漏电压的增大，I_D-V_{DS} 的曲线是亚线性变化的，最终 I_D 达到饱和，达到饱和时的 I_D 值称为 I_{Dsat}，其对应的 V_{DS} 称为 V_{Dsat}。V_{DS} 大于 V_{Dsat} 的区域称为电流饱和区，简称饱和区，V_{DS} 大于 V_{Dsat} 的区域称为（亚）线性区。

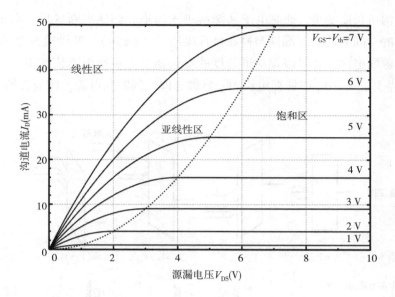

图 2-1-2　NFET 输出曲线示例

3.3　MOS 电容和阈值电压

对于一个 NFET 的 MOS 电容来说，当施加的栅压等于平带电压时，半导体衬底中没有净电荷存在，也即是栅压刚好抵消了金属与半导体之间的功函数差以及氧化层中的正电荷对半导体表面的影响；当栅极加一负偏压时，在外电场的作用下，半导体内多子顺电场方向被吸引到其表面积累，此时氧化物—半导体界面处价带更靠近费米能级，半导体的表面势小于 0，能带上弯；当栅极加一小的正栅压时，在外电场的作用下，半导体表面的多子会被耗尽并留下不可动的带负电的受主离子，从而形成一定厚度的负空间电荷区，半导体表面势大于 0，能带下弯，如果继续增大正栅压，增大的电场会使更多的多子耗尽，耗尽区宽度也相应增加，即能带下弯程度也会增加。当栅极电压增大到一定程度，使得半导体本征费米能级弯曲到表面费米能级之下时，其表面将呈现 n 型，即衬底内的电子被吸引到氧化物—半导体表面，形成反型电子的积累，也即反型层形成，该反型层的电导受栅压调制，此时源漏之间的电流较小，器件处于亚阈值工作区域。继续增大栅压，使得半导体的表面势达到 2 倍的费米势，这时表面处的电子浓度与半导体内空穴浓度相当，这时反型层电导大幅增大，沟道开始形成，称为强反型状态，此时的栅压也即是阈值电压，整个物理过程如图 2-1-3 所示。

在栅压大于阈值电压的工作模式下，当加一较小的源漏电压时，反型层中的电子将从源端流向正偏的漏端，这时没有电流从氧化层向栅极流过，沟道区具有一定的电阻特性；而源漏电压增大时，漏端附近的氧化层压降反而会减小，使得漏端附近的反型层电荷密度降低，即漏端的沟道会缩窄。当源漏电压增大到栅极电压与阈值电压的差值时，即 $V_{DS} = V_{GS} - V_T$，漏端发生夹断效应，继续增大源漏电压后，夹断点逐渐移向源端，有效沟道长度变短，此时电子从源端进入沟道，到达夹断区后，电子会被注入半导体表面的空间电荷区（漏端与衬底可看成是一个 pn 结），并迅速被电场推向漏端，形成此时的源漏电流。如果假设沟道长度的变化相对于初始沟道长度很小（长沟道假设），那么当 $V_{DS} > V_{GS} - V_T$ 时源漏电流为一常数，即达到饱和电流。沟道夹断效应如图 2-1-4 所示。

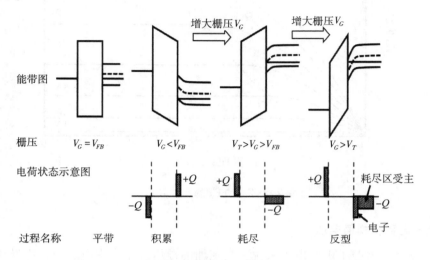

图 2-1-3　NFET-MOS 电容在不同栅压下的能带与表面电荷状态示意图

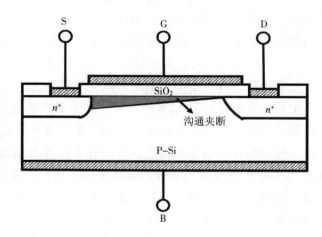

图 2-1-4　NFET 在大的正栅压下随着漏端电压增大出现的沟道夹断结果示意图

进一步定量推导（参考半导体器件物理相关书籍），我们发现漏极电流（非饱和区）

$$I_D = \frac{WC'_{ox}\mu\left(V_{GS} - V_T - \dfrac{V_{DS}}{2}\right)V_{DS}}{L} \tag{2-1-1}$$

这里 W 为沟道宽度，C'_{ox} 为单位面积氧化层电容，μ 为沟道迁移率，L 为沟道长度。上式是 I_D-V_{GS} 直线关系（MOSFET 的转移曲线）的方程，直线的截距为：

$$V_{GS}(0) = V_T + \frac{V_{DS}}{2} \qquad (2-1-2)$$

斜率为：

$$g_m = \frac{WC'_{ox}\mu V_{DS}}{L} \qquad (2-1-3)$$

该斜率也称为跨导，它反映了 MOSFET 的增益水平。

实验中的测试仪器 4200 半导体分析测试系统是一种全面集成的半导体器件参数测试仪，能可视化测试电流电压（I-V）、电容电压（C-V）和超快速脉冲式 I-V 等诸多特性，用于实验室级的器件直流参数测试、实时绘图与分析，具有高精度和亚 fA 级的分辨率。

4 实验内容

（1）正确连接测试仪器 4200 与 MOSFET 器件盒，根据实验要求设置、调整 4200 测试参数。

（2）分析 MOSFET 输出曲线和转移曲线，计算 MOSFET 的阈值电压。

5 实验仪器

（1）4200 半导体分析测试系统（含连接电缆）。

（2）器件测试盒。

（3）MOSFET。

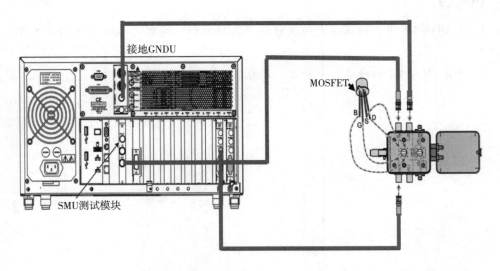

图 2-1-5 4200 半导体测试系统与器件盒连接示意图

6　实验指导

6.1　实验重点

（1）了解 MOSFET 的基本原理和 4200 测试仪器的基本操作步骤。

（2）了解 4200 测试仪参数设置技巧和含义。

（3）掌握 MOSFET 基本电学特性的分析方法。

（4）学习相关的实验安全事项。

6.2　实验步骤

在实验中，注意参数设置勿超过仪器量程，勿大力弯折连接电缆，实验结束后注意清理好设备和桌面。具体操作应严格按照以下步骤进行：

（1）连接 4200 测试仪与 MOSFET 器件盒，注意连接端口与测试软件设置的端口一一对应。

（2）测试 MOSFET 的输出曲线，设置不同的栅压数值，测试 I_D-V_{DS} 曲线。

（3）测试 MOSFET 的转移曲线，选取并设置合适的 V_{DS}，测试 I_D-V_{GS} 曲线。

（4）计算 MOSFET 的阈值电压，分析输出曲线和转移曲线之间的关系。

7　实验数据处理

拷贝仪器的测试数据，利用 Origin 软件作出输出曲线和转移曲线，结合两张图像，分析图像并得出阈值电压。

思考题

1. 在 MOSFET 中，栅压达到何值时电流达到饱和？达到饱和时 MOSFET 处于何种状态？

2. 计算 MOSFET 的跨导，分析源、漏电压对跨导有何影响？

实验 2-2　椭圆偏振仪测薄膜厚度

1　实验简介

椭圆偏振光是指光的电场方向或光矢量末端在垂直于传播方向的平面上描绘出的轨迹为椭圆。当两个相互垂直的振动同时作用于一点时，若它们的频率相同并且有固定的位相差，则该点的合成振动的轨迹一般呈椭圆形。

自然光在晶体内所产生的寻常光（o 光）和非常光（e 光），其频率相同和振动方向相互垂直，但是，它们之间的位相差，即使在同一点亦因时而异也不是固定的，所以这样的 o 光和 e 光的合成不能产生椭圆偏振光。然而，如果采用一个线偏振光入射到光轴平行于晶面的单轴晶体的表面，如图 2-2-1 所示，并且令其振动平面与晶体光轴成一夹角 θ，在晶体表面上，振幅为 A 的线偏振光分解为振幅为 $A\sin\theta$ 的 o 光和振幅为 $A\cos\theta$ 的 e 光，此时 o 光和 e 光有相同的位相。当进入晶体内，o 光和 e 光虽在相同的方向传播，由于传播速度差异因而产生位相差，形成椭圆偏振光。

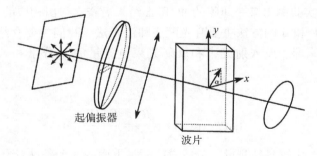

起偏振器

波片

图 2-2-1　椭圆偏振光的获得

当偏振光通过一些介质后，相对原来的振动方向会发生一定角度的旋转，旋转的这个角度与介质的浓度、长度、折射率等因素有关。测量旋光度的大小，就可以知道介质相关物理量的变化。椭圆偏振测厚技术是利用光的偏振特性测量纳米级薄膜厚度和薄膜折射率，也可以用来研究固体表面特性，具有不与样品接触，对样品没有破坏且不需要真空等优点，可测的材料包括半导体、电介质、聚合物、有机物、金属、多层膜物质等。

2 实验原理

待测样品是均匀涂镀在衬底上的厚度为 d 、折射率为 n 的透明同性膜层。光的电矢量分解为两个分量即在入射面内的 P 分量及垂直于入射面的 S 分量。入射光在薄膜两个界面上经过多次反射和折射，总反射光束将是许多反射光束干涉的结果。根据多光束干涉的理论，得 P 分量和 S 分量的总反射系数

$$R_P = \frac{R_{1p} + R_{2p}\exp(-2i\delta)}{1 + R_{1p}R_{2p}\exp(-2i\delta)}$$

$$R_S = \frac{R_{1s} + R_{2s}\exp(-2i\delta)}{1 + R_{1s}R_{2s}\exp(-2i\delta)}$$

其中

$$2\delta = \frac{4\pi}{\lambda}dn\cos\varphi_2$$

是相邻反射光束之间的相位差，λ 为光在真空中的波长。光束在反射前后的偏振状态的变化可以用总反射系数比 R_p/R_s 来表征。椭圆偏振法中采用椭偏参量 Ψ 和 Δ 来描述反射系数比，其定义为：

$$\frac{R_P}{R_S} = \tan\Psi\exp(i\Delta)$$

如果入射波波长、入射角、环境介质和衬底的折射率确定的条件下，Ψ 和 Δ 是薄膜厚度和折射率的函数，只要测量出 Ψ 和 Δ，理论上即能解出 d 和 n。然而，从上述各式却无法解析出 $d=(\Psi, \Delta)$ 和 $n=(\Psi, \Delta)$ 的具体形式。因此，事先用电子计算机计算出在入射波波长、入射角、环境介质和衬底的折射率一定的条件下 $(\Psi, \Delta) \sim (d, n)$ 的关系图表，实验测出某一薄膜的 Ψ 和 Δ 结果后查表得出相应的 d 和 n 的值。

测量样品的 Ψ 和 Δ 的方法主要有光度法和消光法。我们主要介绍用椭偏消光法确定 Ψ 和 Δ 的基本原理。设入射光束和反射光束电矢量的 P 分量和 S 分量分别为 E_{ip}，E_{is}，E_{rp}，E_{rs}，
则得到

$$\tan\Psi\exp(i\Delta) = \frac{R_P}{R_s} = \frac{E_{rp}/E_{rs}}{E_{ip}/E_{is}}$$

为了使 Ψ 和 Δ 比较容易测量，应该设法满足下面的两个条件：
（1）使入射光束满足

$$|e_{ip}| = |e_{is}|$$

（2）使反射光束成为线偏振光，即反射光两分量的位相差为 0 或 π。
满足上述两个条件时，有

$$\begin{cases} \tan\Psi = \pm\dfrac{|E_{rp}|}{|E_{rs}|} \\ \Delta = (\beta_{rp} - \beta_{rs}) - (\beta_{ip} - \beta_{is}) \\ (\beta_{rp} - \beta_{rs}) = 0 \text{ 或 } \pi \end{cases}$$

其中 β_{rp}、β_{rs}、β_{ip}、β_{is} 分别为入射光束和反射光束的 P 分量和 S 分量的位相。

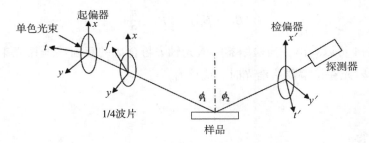

图 2-2-2 实验装置的示意图

如图 2-2-2，x 轴和 x' 轴均在入射面内且分别与入射光束或反射光束的传播方向垂直，而 y 和 y' 轴则垂直于入射面。起偏器和检偏器的透光轴 t 和 t' 与 x 轴或 x' 轴的夹角分别为 P 和 A。当 1/4 波片的快轴 f 与 x 轴的夹角为 $\pi/4$ 时，便可以在 1/4 波片后面得到所需的满足条件；$|E_{ip}| = |E_{is}|$ 的特殊椭圆偏振入射光束。

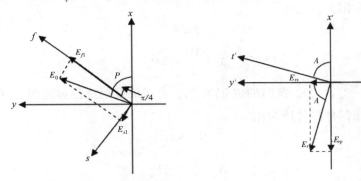

图 2-2-3 1/4 波片快轴取向   图 2-2-4 检偏器透光轴取向

图 2-2-3 中的 E_0 表示有方位角位 P 的起偏器出射的线偏振光。当它投射到快轴与 x 轴的夹角为 $\pi/4$ 的 1/4 波片时，将在波片的快轴 f 和慢轴 s 上分解为

$$E_{f1} = E_0\cos\left(P - \frac{\pi}{4}\right) , \ E_{s1} = E_0\cos\left(P - \frac{\pi}{4}\right)$$

通过 1/4 波片后，E_f 将比 E_s 超前 $\pi/2$，于是在 1/4 波片后应该有

$$E_{f2} = E_0\cos\left(P - \frac{\pi}{4}\right)\exp\left(i\frac{\pi}{2}\right) , \ E_{s2} = E_0\cos\left(P - \frac{\pi}{4}\right)$$

这两个分量分别在 x 轴和 y 轴上投影后合成，得到

$$E_x = \left(\frac{\sqrt{2}}{2}\right)E_0\exp\left[i\left(p + \frac{\pi}{4}\right)\right]$$

$$E_y = \left(\frac{\sqrt{2}}{2}\right)E_0\exp\left[i\left(\frac{3\pi}{4} - p\right)\right]$$

可见，E_x 和 E_y 也就是即将投射到待测样品表面的入射光束的 P 分量和 S 分量。显

然，入射光束已经成为满足 $|E_{ip}| = |E_{is}|$ 条件的特殊圆偏振光，其分量的位相差为

$$(\beta_{ip} - \beta_{is}) = 2P - \frac{\pi}{2}$$

由图 2-2-4 可以看出，当检偏器的透光轴 t' 与合成的反射线偏振光束的电矢量 E_r 垂直时，即反射光在检偏器后消光时，应该有

$$\frac{|e_{rp}|}{|e_{rs}|} = \tan A$$

这样，可得

$$\begin{cases} \tan \Psi = \tan A \\ \Delta = (\beta_{rp} - \beta_{rs}) - (2P - \pi/2) \\ (\beta_{rp} - \beta_{rs}) = 0 \text{ 或 } \pi \end{cases}$$

规定 A 在坐标系 (x', y') 中只在一、四象限内取值。下面分别讨论

（1）$(\beta_{rp} - \beta_{rs}) = \pi$ 此时的 P 记为 P_1，合成的反射线偏振光的 E_r 在二、四象限里，于是 A 在第一象限并计为 A_1。

$$\Psi = A_1$$

$$\Delta = \frac{3\pi}{2} - 2P_1$$

（2）$(\beta_{rp} - \beta_{rs}) = 0$。此时的 P 记为 P_2，合成的反射线偏振光的 E_r 在一、三象限里，于是 A 在第四象限并计为 $A2$。

$$\Psi = -A_2$$

$$\Delta = \frac{\pi}{2} - 2P_2$$

可得到 (P_1, A_1) 和 (P_2, A_2) 的关系为

$$A_1 = -A_2$$

$$P_1 = P_2 + \frac{\pi}{2}$$

因此，只要是装置中 1/4 波片的快轴与 X 轴的夹角为 $\pi/4$，测量出检偏器消光时的 (P_1, A_1) 和 (P_2, A_2) 即可求出 Ψ，Δ，查找关系图表就可得到待测的薄膜厚度 d 和折射率 n。

3 实验内容

（1）了解椭圆偏振法的基本原理。
（2）利用椭圆偏振法测量纳米级薄膜的厚度和折射率。

4 实验仪器

椭圆偏振测厚仪，计算机。

本实验所采用的椭圆偏振测厚仪集光、机、电于一体。主要由光源、起偏部分、检偏部分、光电接收部分、主机和装卡部分组成。

5 实验指导

5.1 实验重点

（1）了解椭圆偏振光的形成原理及应用。

（2）了解椭圆偏振仪测量薄膜厚度的工作原理。

（3）掌握椭圆偏振仪的操作方法。

（4）学习相关的实验安全事项。

5.2 实验步骤

椭圆偏振仪是大型仪器，并有强光光源，因此仪器操作必须注意以下事项：

（1）光源点亮后会发出较强的光，会对人眼造成一定的伤害，故在使用中，绝对禁止直视光源。

（2）仪器在使用过程中各部件会产生热量，为了能够更有效地使用本仪器，工作时应尽量选择在阴凉、通风好的地方，以免影响仪器的使用寿命。

（3）长时间不使用时，应将仪器置于防尘、隔热、相对湿度<70%的环境。

5.3 测试过程

（1）开启主机电源，联接好主机与电控箱间的各种数据线，开启电控箱电源。

（2）运行程序。

（3）装卡被测样品。选定入射角 φ，调节起偏部分和检偏部分，使经样品表面反射后的激光束刚好通过检偏器入光口。

（4）旋转电控箱调节旋钮，将读数调到合适电压即可。

（5）进行测量，软件的使用请参考仪器手册。

6 实验数据处理

根据实验结果自行设计表格，并得出样品测量结果。

思考题

由理论分析可知，样品的一组（Ψ, Δ）只能求得一个膜厚周期内的厚度值，试分析测量膜厚超过一个周期的真实厚度需要怎样解决。

实验 2-3　紫外可见分光光度计
测量亚甲基蓝溶液浓度

1　实验简介

　　紫外可见分光光度计，是指根据物质分子对波长为 190~110 nm 电磁波的吸收特性所建立起来的一种进行定性、定量和结构分析的仪器；具有操作简单、准确度高和重现性好等特点。广泛用于土壤中各种微量常量无机和有机物质的测定、无机矿物和有机物质的定性与结构分析，以及土壤化学过程，也用于植物营养诊断、营养品质分析和各种染料废水浓度的测定等方面。本实验选取亚甲基蓝水溶液模拟染料废水为待测溶液，通过紫外可见分光光度计测量亚甲基蓝溶液的浓度。亚甲基蓝，化学式为 $C_{16}H_{18}ClN_3S$，是一种吩噻嗪盐，为深绿色青铜光泽结晶或粉末，可溶于水和乙醇，不溶于醚类。亚甲基蓝在空气中较稳定，其水溶液呈碱性，有毒。亚甲基蓝广泛应用于化学指示剂、染料、生物染色剂和药物等方面。

2　实验目的

　　熟悉紫外可见分光光度计的测量原理、使用方法和注意事项。掌握溶液配制和标准曲线测定的正确方法。掌握紫外可见分光光度计的数据处理方法。熟练掌握使用紫外可见分光光度计测定溶液浓度的方法。

3　实验原理

3.1　紫外可见吸收光谱

　　紫外可见吸收光谱法是根据溶液中物质的分子或离子对紫外和可见光谱区辐射能的吸收来研究物质的组成和机构的方法。许多有机化合物能吸收紫外—可见光辐射，有机化合物的紫外吸收光谱和可见吸收光谱都属于分子光谱，它们是由分子外层电子能级跃迁产生，同时伴随着分子的振动能级和转动能级的跃迁，因此吸收光谱具有一定的带宽。紫外可见吸收光谱应用广泛，不仅可进行定量分析，还可利用吸收峰的特性进行定性分析和简单的结构分析；也可用于无机化合物和有机化合物的分析。物质对不同波长的光具有不同的吸收能力，如果改变通过某一吸收物质的入射光的波长，并记录该物质在每一波长处的吸光度（A），然后以波长为横坐标，吸光度为纵坐标，就可以得到该物质的吸收光谱。在紫外可见吸收光谱中，在选定的波长的情况下，吸光度与物质浓度的关系可用光的吸收定律即朗伯—比尔定律来描述：

$$A = \lg\left(\frac{I_0}{I}\right) = \varepsilon \times b \times c$$

其中 A 为溶液吸光度，I_0 为入射光强度，I 为透射光强度，ε 为该溶液摩尔吸光系数，b 为溶液厚度，c 为溶液浓度。

物质的紫外可见吸收光谱基本上是其分子中生色团及助色团的特征，而不是整个分子的特征。如果物质组成的变化不影响生色团和助色团，就不会显著地影响其吸收光谱，如甲苯和乙苯具有相同的紫外吸收光谱。另外，外界因素如溶剂的改变也会影响吸收光谱，在极性溶剂中某些化合物吸收光谱的精细结构会消失，成为一个宽带。所以，只根据紫外可见吸收光谱是不能完全确定物质的分子结构，有时还必须与红外吸收光谱、核磁共振波谱、质谱以及其他化学、物理方法共同配合才能得出可靠的结论。

3.2 紫外可见分光光度计测量原理

紫外可见吸收光谱仪由光源、单色器、吸收池、检测器以及数据处理及记录（计算机）等部分组成（如图 2-3-1 所示）。

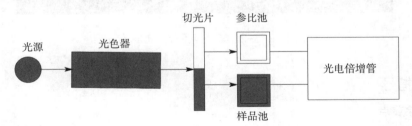

图 2-3-1 双光束分光光度计的原理图

为得到波长范围（200~1100 nm）的光，使用分立的双光源，氘灯的波长为 185~395 nm，钨灯的为 350~1100 nm。通过一个动镜实现光源之间的平滑切换，可以平滑地在全光谱范围扫描，光源发出的光通过光孔调制成光束，然后进入单色器；单色器由色散棱镜或衍射光栅组成，光束从单色器的色散原件发出后成为多组分不同波长的单色光，通过光栅的转动分别将不同波长的单色光经狭缝送入样品池，然后进入检测器（检测器通常为光电管或光电倍增管），最后由电子、电路放大，从微安表或数字电压表读取吸光度，或驱动记录设备，得到光谱图。

4 实验内容

（1）紫外可见分光光度计操作规范。

（2）亚甲基蓝标准水溶液配制。

（3）亚甲基蓝标准曲线测定。

（4）待测亚甲基蓝水溶液配置。

（5）用紫外可见分光光度计测定亚甲基蓝水溶液浓度。

（6）紫外可见分光光度计数据分析。

5 实验仪器

紫外可见分光光度计 UV-2600，岛津仪器有限公司生产（图 3-2-2）；电子天平 MQK-FA2204B，上海米青科实业有限公司；亚甲基蓝 $C_{16}H_{18}ClN_3S \cdot 3H_2O$，AR 级，上海凌峰化学试剂有限公司生产。

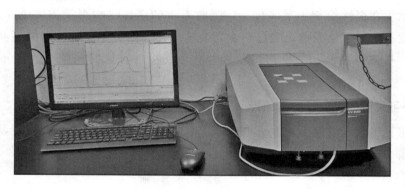

图 2-3-2 紫外可见分光光度计

6 实验指导

6.1 实验重点

（1）学习紫外可见吸收光谱相关理论。

（2）掌握紫外可见分光光度计使用方法及注意事项。

（3）学习并掌握使用紫外可见分光光度计测定亚甲基蓝溶液浓度的实验方法。

（4）学习并掌握紫外可见分光光度计的数据处理方法。

6.2 实验步骤

（1）打开电源，开启紫外可见分光光度计仪器的电源开关，预热 30 min。打开电脑上 UVprobe 软件，点击"连接"按钮开始仪器自检，约 5 min 后，对仪器相关参数进行设置，设置检测波长范围为 800~400 nm，高速检测模式，间隔为 1 nm；并对仪器零度校准。

（2）空白对比试验。用移液枪取一定量（约 3~3.5 ml）的纯净水到石英比色皿 2/3 处，将两个装有纯净水的石英比色皿分别放到紫外可见分光光度计的"参比池"和"样品池"位置，在 UVprobe 软件界面点击"基线"图标，进行仪器的基线校准。

（3）用分析天平称取一定量的亚甲基蓝粉末，配置若干已知浓度的亚甲基蓝水溶液。用移液枪分别取一定量配置好的已知浓度的亚甲基蓝水溶液，装入石英比色皿中，将比色皿放置到样品池位置；点击界面"编辑方法"按钮，设置相关参数，扫描获得波长—吸收曲线，读取最大吸收波长和吸光度，获得标准图谱。

（4）对上述获得的"标准图谱"进行数据处理，获得不同浓度亚甲基蓝溶液的吸收光谱图，标准曲线，以及拟合后亚甲基蓝的标准曲线方程。

（5）配置若干未知浓度的亚甲基蓝待测溶液，利用和上述（3）同样的方法，测定未知浓度亚甲基蓝溶液的标准图谱，读取最大吸收波长和吸光度，通过对照（4）获得的标准曲线以及标准曲线方程，得到亚甲基蓝溶液的浓度。

6.3 标准曲线的测定

配制 100 mg/L 的亚甲基蓝溶液，将其稀释为浓度 1 mg/L、2.5 mg/L、5 mg/L、10 mg/L、15 mg/L 的标准溶液，以纯净水作为参照，在 800～500 nm 的波长下利用紫外可见分光光度计对水样进行扫描，不同浓度的亚甲基蓝溶液的吸收光谱如图 2-3-3 所示。

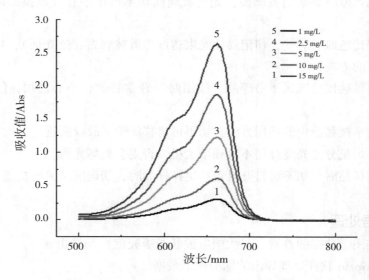

图 2-3-3 不同浓度亚甲基蓝溶液的吸收光谱图

图 2-3-3 的结果显示，亚甲基蓝的最大吸收波长为 665 nm。在 665 nm 处分别测量 1 mg/L、2.5 mg/L、5 mg/L、10 mg/L、15 mg/L 的标准溶液的吸光度，就可以得到亚甲基蓝溶液最大吸收值与浓度的关系。以标准溶液的浓度为横坐标，吸收值为纵坐标，绘制亚甲基蓝的标准曲线（图 2-3-4）。

拟合后亚甲基蓝的标准曲线方程为 $y = 0.163\,x - 0.0471$，在拟合区间内亚甲基蓝标准曲线的相关度 $R^2 = 0.998$，说明吸收值和浓度之间存在良好的线性关系。通过测量未知浓度亚甲基蓝溶液的吸光度就可以利用标准曲线计算亚甲基蓝的浓度。

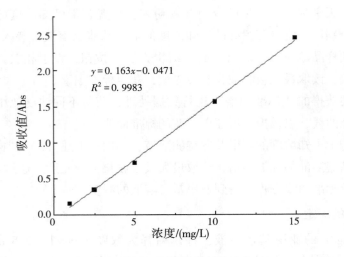

图 2-3-4 亚甲基蓝标准曲线

6.4 注意事项

（1）拿比色皿时要拿毛玻璃面，光滑玻璃面切不可用手直接触摸，以免影响比色皿的透光性。

（2）放置比色皿的时候，切记要让光束透过光滑玻璃面（透光面），切不可让磨玻璃面朝向光束的方向。

（3）石英玻璃比色皿属于易碎品，使用时要轻拿轻放，小心使用，使用前后要清洗干净。

（4）正确掌握移液枪的使用方法，切不可将移液枪平放或倒置。

（5）紫外可见分光光度计切不可频繁关机，否则会损坏光源。

（6）扫描样品时，切不可打开机盖；更换样品时，切记随时关闭机盖。

7 实验数据处理

（1）标准图谱数据的查看（最大吸收波长与吸光度）与导出。

（2）用 oringin 软件处理导出的标准图谱数据。

（3）标准曲线和标准曲线方程的获得。

（4）未知浓度亚甲基蓝溶液标准图谱的获得。

（5）对照标准曲线方程，计算未知浓度亚甲基蓝溶液的浓度。

思考题

1. 紫外可见分光光度计使用过程中的注意事项是什么？

2. 亚甲基蓝溶液配制过程中的注意事项有哪些？

3. 如何有效控制配制溶液过程中的操作误差？

4. 如何正确使用移液枪？

5. 亚甲基蓝溶液浓度的线性范围是多少？为什么会存在浓度的线性范围？

实验 2-4 傅立叶变换红外光谱法（FTIR）测定硅中杂质氧的含量

1 实验简介

物质吸收红外线，会引起原子的振动、分子的转动和健的振动。红外光谱区在电磁波谱中的波长范围为 0.75~1000 μm。通常按其波长长短把红外光区分为近红外区（0.75~2.5 μm）、中红外区（2.5~25 μm）和远红外区（25~1000 μm）。其中，中红外区是实验中最常用的红外光区。该区的吸收是由分子的振动能级跃迁引起的，而分子的振动参量（振动频率和强度等）依赖于构成分子的原子的质量、化学键类型及分子的几何形状。因此，不同的分子具有表征其特征的振动频率，与其特有的红外吸收光谱（Infrared Absorption Spectroscopy，简称 IR）相对应，从而可以通过测量物质的红外吸收谱来分析物质的组成成分。

红外光谱法具有分析速度快、灵敏度高、取样量微小和对样品无损伤等优点，且不受样品的相态（气态、固态、液态）和材质的限制，因此得到广泛应用。由于计算机技术的迅速发展，使得新的红外光谱仪——傅立叶变换红外光谱仪（Fourier Transform Infrared Spectroscopy，简称 FTIR）得以普遍使用。与传统的色散型红外光谱仪相比，它具有光通量大、噪声小、分辨率高、分析速度快、检测灵敏度高、多路通过且所有频率同时测量等优点。

2 实验目的

本实验的目的是了解傅立叶变换红外光谱仪的测量原理，学会用红外吸收光谱研究测定半导体中杂质氧含量的实验方法。

3 实验原理

用一束红外光照射半导体样品，光波的电场与固体中的核电粒子相互作用后，带着固体内部的各种信息离开样品。当用与杂质所引起的声子相同频率的光照射到晶体上时照射光就可以被吸收。氧、碳是硅中常见的杂质，这些杂质的存在对硅材料与器件的性能有很大的影响。氧在硅中是一种间隙型杂质，碳则是一种置换型杂质。由于硅中存在氧、碳，因而硅的红外吸收光谱将出现一系列特征吸收蜂。

　　红外光谱仪有色散型和傅立叶变换型两类，色散型是利用棱镜或光栅作为色散元件而获得单色光，以此得到光强与波长或频率的关系，即红外光谱图。傅立叶变换型红外光谱仪是由迈克尔逊（Michelson）干涉仪和数据处理系统两部分组成。傅立叶变换型红外光谱仪与普通色散型红外光谱仪相比，有以下优点：

　　（1）分辨率高。一般棱镜式红外光谱仪的分辨率在 1000 cm^{-1} 处为 3 cm^{-1}，光栅式红外光谱仪在 1000 cm^{-1} 处为 0.2 cm^{-1}，而 FTIR 在整个光谱范围内可达到 $0.1 \sim 0.005$ cm^{-1}；

　　（2）波数精度高。波数是红外定量分析的关键参数。FTIR 利用 He-Ne 激光定标，波数精度可准确到 0.01 cm^{-1}；

　　（3）扫描速度快。普通色散型红外光谱仪通过依次测定从出射狭缝射出的单色光而获得红外光谱。FTIR 的干涉仪则是在整个扫描时间内同时测定所有频率的信息，一般在 1 秒之内即可完成全谱扫描；

　　（4）光谱范围宽。FTIR 通过改变分束器和光源，可以研究 $10000 \sim 10$ cm^{-1} 的光谱；

　　（5）灵敏度高。因为迈克尔逊干涉仪没有色散型红外光谱仪中的狭缝装置，因而输出能量大、灵敏度高，可以测定 10^{-9} g 数量级的微量成分。

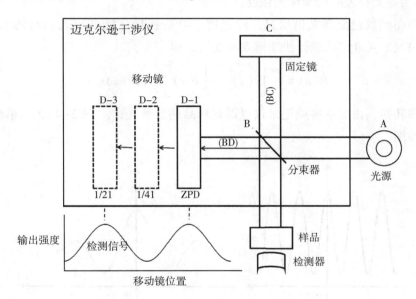

图 2-4-1　迈克尔逊干涉仪结构示意图

　　傅立叶变换型红外光谱仪一般由光学测量系统、计算机数据处理系统、电子线路系统等几个部分组成。光学测量系统包括由固定镜、移动镜、分束器等组成的干涉仪，以及红外光源（Ever-Glo）、检测器（DTGS）、各种红外反射镜和激光系统等。经典的迈克尔逊干涉仪结构如图 2-4-1 所示。由光源 A 发出的红外光进入迈克尔逊干涉仪，干涉仪调制不同频率的每个波长。在干涉仪中，光束被分束器 B 的半透膜分成两束光

（反射和透射各占百分之五十）。其中透射光被移动镜 D 反射沿原路返回分束器。并被半透膜反射至检测器，而反射光被固定镜 C 反射并沿原路通过半透膜至检测器，这两束光再次通过分束器时相互干涉。调制光经准直镜反射到达样品，经样品选择吸收后到达检测器，检测器将光能转变成电信号。在单色光入射时，开始时因移动镜和固定镜距离分束器等距（即 BD＝BC），故到达检测器的两束光同相位，干涉光相叠加而加强，这时检测信号最大，这点称为 ZPD。当移动镜移动距离为入射波长的 1/4 时，到达检测器的两束光的光程差为 $l/2$，相位相反，干涉光相抵消而减弱，检测信号最小。当光程差为 $l/2$ 的偶数倍和奇数倍时，干涉光分别达到最大和最小，检测器的接收信号强度相对于移动镜的移动距离作图可得到一余弦曲线。光源产生余弦波，经干涉仪调制后在检测器上得到干涉图。在复色光入射时，所得干涉图是所有红外单色光频率余弦曲线的叠加。干涉图函数是光源光谱分布的傅立叶余弦变换，数学表达式为：

$$I(x) - \frac{1}{2}I(0) = \int_0^\infty B(v)\cos 2\pi uxdv \qquad (2-4-1)$$

式中：$I(x)$ 为干涉图某点的总光强；x 为两相干光束的光程差；v 为波数；$B(v)$ 为入射光光强；$I(0)$ 为零光程差时的干涉光强度。

该干涉图函数包全部光谱信息，经过傅立叶变换后才能获得人们所熟悉的光谱，计算机可对（2-4-1）式进行快速傅立叶变换，即

$$B(v) = \int_0^\infty \left[I(x) - \frac{1}{2}I(x) \right]\cos 2\pi uxdx \qquad (2-4-2)$$

经数模转换，由显示屏或记录仪可得到样品的红外光谱。图 2-4-2 为单色光和复色光的干涉图。

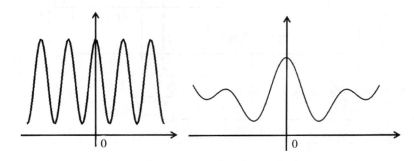

图 2-4-2　单色光和复色光的干涉图

3　实验方法

硅中氧大多以共价键方式与周围原子相结合，形成 Si-O 键，含氧硅单晶的透射吸收光谱将出现与 Si-O 振动所形成的吸收带（峰），在中红外区出现 1205，1106 和 515 cm^{-1} 三个吸收带，其吸收强度与氧的浓度有关。这些特征吸收峰分别代表杂质的一些

特征振动模式。例如：硅在 1106 cm⁻¹ （~9 μm） 的吸收峰代表键角为 160°的 Si–O–Si 准分子的反对称伸张振动。表 2-4-1 列举了氧在硅中的特征红外吸收峰。在这些待征红外吸收峰中，1106 cm⁻¹ 是硅中氧的最强特征吸收峰，其峰的半宽为 32 cm⁻¹。因此，在测定硅中氧含量时一般是利用这个最强特征吸收峰，测量其吸收系数，通过校正因子求得氧浓度。

表 2-4-1　氧在硅中的红外特征吸收峰

温度	300 K	77 K	35 K	20 K
	517			
	1106	1135.9	1136.1	1136.1
		1127.9	1134.4	1134.4
		1121.7（肩）	1132.5	1132.5
波数位置			1128.2	1138.2
（cm⁻¹）			1126.8	1126.8
			1124.9	1124.3
				1121.4
			29.3	
			37.8	
			49	
	1203		43.3	

＊在 4K 时这些吸收峰都不出现

室温氧浓度检测范围为 $5.0\times10^{15}\sim3.0\times10^{18}$ cm⁻¹，低温测量时不仅可有效抑制三声子硅晶格振动吸收，与室温时相比其吸收强度明显增加并出现精细结构，可提高分析灵敏度和准确度。在 77 K 时，室温 1106 cm⁻⁴ 吸收带分裂为 1128 和 1136 cm⁻¹ 的双带。选取 1128 cm⁻¹ 处的吸收系数计算氧浓度，其灵敏度约为室温时的 2.5 倍，当温度降至 8 K 时，检测限可达 5.0×10^{15} cm⁻¹。

测量硅中氧含量的方法主要有样品参比法、空气参比法、差分光谱法等，差分法是一种为补偿三声子晶格振动吸收，在参比光路中放置与试样厚度相同的参比物样品（厚度差小于 0.5%）的方法。对于区熔单晶必须使用该法测量。空气参比法则无需参比样品，只要从吸收系数中扣除 0.4 cm⁻¹ （300 K） 或 0.2 cm⁻¹ （77 K） 处的面积，消除晶格吸收的影响。对于样品中氧浓度较高时可采用空气参比法。

图 2-4-3 为红外吸收光谱半宽度 Δv 的计算示意图。如图 2-4-3 所示，对测得的吸收光谱作基线 AB，获得得 T_0 和 T_m，若样品厚度 d （单位为 m） 已知，则可求出吸收系数 α（cm⁻¹）为

$$\alpha = \frac{1}{d}\ln\left(\frac{T_0}{T_m}\right) \tag{2-4-3}$$

式中：T_0 为吸收峰值处的基线强度；T_m 为吸收峰值处 （300 K 和 77 K 时分别为

1106 cm^{-1} 和 1128 cm^{-1}) 的透射光强度。取 T_0、T_m 值，作基线 AB 的平行线，交吸收峰于 1、2 点，若 Δv 代表吸收蜂的半宽度，则 $\Delta v = v_1 - v_2$。得到 α 值后，可利用以下的公式计算氧的含量浓度：

$$[O] = 2.45 \times 10^{17}(\alpha - 0.4) \text{ atoms} \cdot \text{cm}^{-3} \qquad (2\text{-}4\text{-}4)$$

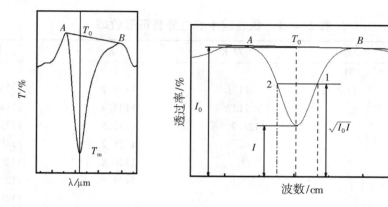

图 2-4-3　空气参比图和红外吸收光谱半宽度的计算示意图

4　实验内容

（1）样品制备

样品先经研磨和双面抛光（机械抛光和化学抛光），使表面不平行度不大于 5 弧度。直拉硅单晶和区熔硅单晶样品的厚度分别为 2~4 mm 和 10 mm。

硅片的化学抛光是这样做的；将硅片浸入腐蚀液 3~5 min，待硅片表面光亮如镜时停止腐蚀，立即用清水冲洗，再用去离于水洗净，晾干。测量硅片的厚度。

（2）开启红外仪电源，点亮光源后预热 20 min。

（3）开启计算机，进入 "Windows"，再进入 Spetrum 软件系统。

（4）单击 "Instrument" 显示 Instrument 菜单（其他参数均已设置完毕，不用修改）。

（5）单击 "ScanBackground"，得到空气参比图。

（6）打开样品室门，把样品放入样品室，关上门，单击 "Scansmaple"，得到硅片样品的红外吸收光谱图。

（7）在计算机上操作，自动作出基线 AB，分别读取 T_0、T_m 值。

（8）取一片样品的不同点进行重复测量三次量。

5　实验仪器

本实验使用赛默飞世尔（ThermalFisheries）的 Nicolet6700 型 FTIR 光谱仪，如图 2

-4-4所示。

图 2-4-4　实验仪器照片

6　实验数据处理

（1）对测得的谱图分别计算半峰宽及氧含量。

（2）结合红外谱图分析比较上述结果。

思考题

1. 引起本实验的误差有哪些因素？如何改进？

2. 用空气参比法能否测量硅片中杂质碳的含量？为什么？

实验 2-5　等离子体朗缪尔探针诊断技术

1　实验简介

　　朗缪尔探针是测定等离子体特性的一种最经常使用的诊断工具。朗缪尔探针数据解释的理论相当复杂，不过在简单的假设条件下，可以对探针伏安特性曲线做出简明的解释，从而可以根据探针伏安特性导出等离子体电子温度、电子（离子）密度和空间电位等重要参数。

　　朗缪尔探针的结构十分简单，工作条件非常宽松，与等离子体直接接触式测量，具有一定的空间分辩能力。因此，在低温等离子体研究，甚至在高温等离子体的低温、低密度区域研究中，它都是一种十分有用的诊断手段。

2　实验目的

　　（1）充分了解朗缪尔探针的通常结构及其工作原理。

　　（2）了解如何在假设条件的基础上，得出朗缪尔探针经典理论模型，以及利用经典模型导出等离子体电子温度、电子密度和空间电位的过程。

3　实验原理

　　朗缪尔探针通常是一个或几个插入等离子体中"面积小得可以忽略"的导电电极，通常是细金属丝、金属小球或金属圆盘，分别称为圆柱探针、球探针和平面探针。除了端点的工作部分外，其他都复套着陶瓷或玻璃等绝缘套层，如图 2-5-1 所示。

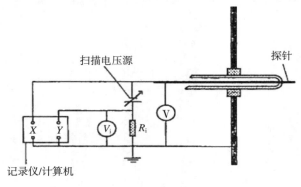

图 2-5-1　朗缪尔探针构造示意图

如果探针是孤立绝缘的，则由于电子的平均热运动速度远大于离子的热运动速度，开始时单位时间内打在探针表面上的电子数远大于离子数，探针表面逐渐积累起负电荷，从而使探针相对于其附近未被扰动的等离子体电位（即空间电位 V_R）的差值为负值。这个负电位差将排斥电子，吸引离子，在探针表面附近空间形成一个正的空间电荷层（亦称离子鞘层）。这个空间电荷层逐渐增厚，直到最后在单位时间内到达探针表面的电子和离子数目达到平衡为止。这时探针表面的总电流为零，其表面的负电位将不再改变，此时的负电位称为悬浮电位 V_F。当外加偏置电源使探针相对于空间电位的电位差 V 不等于悬浮电位 V_F 时，就会有电流 I 通过探针。实验测量探针电流 I 随偏置电压 V_P 的变化，就可以得到朗缪尔探针伏安特性曲线。

探针所收集的电流来自等离子体的电子电流、离子电流以及电子、离子和光子轰击探针产生的二次电子电流所组成。由于二次电子的发射，探针的悬浮电位升高，接近等离子体空间电位。所以二次电子发射常常使实验得到的电子温度偏低。为减小二次电子发射对实验结果的影响，朗缪尔探针一般使用功函数较高的金属制作（如钨、镍或铂等）。

当探针偏置电压相对于等离子体是很强的负电位时，它几乎排斥等离子体的全部电子，只收集离子。探针电子电流分量可以忽略，探针电流全部由离子电流组成，称为离子饱和电流，近似等于静态等离子体中离子随机扩散电流。在较弱的负电位时，它仍收集正离子，但也收集动能大于减速电位势能的电子。从总的探针电流中减掉离子电流就可以得到探针电子电流分量。当探针偏压等于悬浮电位时，离子电流数值上等于电子电流，探针收集的总电流为零。当探针偏压相对于等离子体为零电位时，它收集等离子体电子和离子的随机扩散电流。当探针偏压相对等离子体为正电位时，它排斥离子，只收集电子。探针电流全部由电子电流分量组成，称为饱和电子电流，近似等于静态等离子体中电子随机扩散电流。若已知等离子体中电子和离子的能量分布，就可以得到探针收集电流的理论模型。则朗缪尔探针伏安特性曲线就可用来导出等离子体中电子温度、电子密度等重要参数。

为了得到朗缪尔探针收集电流的简化计算模型，我们假设以下条件：

（1）等离子体是静止的、均匀的，满足准中性条件；

（2）电子和离子的平均自由程远大于探针尺寸，即等离子体是稀薄的；

（3）探针周围空间电荷鞘的厚度远小于探针尺寸，为薄鞘层；

（4）空间电荷鞘层以外的等离子体不受探针干扰，电子和离子的速度服从麦克斯韦速度分布率；

（5）探针是纯吸收体，不存在二次电子的发射，到达探针表面的电子和离子也不与探针发生反应。

由于粒子质量比电子质量大得多，所以被偏置于等离子体电位附近的探针所收集的电流大部分是电子电流。用分布函数 $f(x,v,t)$ 来描述等离子体中的电子，它表示在速度 v 和 $v+\mathrm{d}v$ 之间，x 处 t 时刻单位体积的电子数。x 处 t 时刻单位体积的电子密度 n_e 为

$$n_e(\pmb{x},\ t) = \int f(\pmb{x},\ \pmb{v},\ t)\,\mathrm{d}v_x\mathrm{d}v_y\mathrm{d}v_z \qquad (2-5-1)$$

到达探针的电子电流密度 j_e 可以表示成

$$j_e = e\int f(\pmb{v})\pmb{v}\cdot\pmb{n}\,\mathrm{d}^3v \qquad (2-5-2)$$

这里 n 是与探针表面垂直的矢量，e 是电子电量。

若鞘层的尺寸比探针小得多，可很好地假定探针是一个半平面。那么，到达半平面探针上的电流密度可写成：

$$j_e = e\int_{v_{min}}^{\infty}\int_{-\infty}^{\infty}\int_{-\infty}^{\infty} f(v_x,\ v_y,\ v_z)v_z\mathrm{d}v_x\mathrm{d}v_y\mathrm{d}v_z \qquad (2-5-3)$$

这里

$$v_{min} = \left[\frac{-2e(V_P - V_R)}{m_t}\right]^{1/2} \qquad (2-5-4)$$

V_P 是探针偏压，m_e 是电子质量，v_{min} 表示在偏压为 V_P 时，到达探针的电子应有的最小速度。

如果用球坐标来表示等离子体密度，

$$n_e = \int f(v,\ \theta,\ \varphi)v^2\sin\theta\mathrm{d}v\mathrm{d}\theta\mathrm{d}\varphi \qquad (2-5-5)$$

则达到探针的电流密度为：

$$j_e = e\int_{V_{min}}^{\infty}\int_{\theta_{min}}^{\pi/2}\int_0^{2\pi} v\cos\theta f(v,\ \theta,\ \varphi)v^3\sin\theta\mathrm{d}v\mathrm{d}\theta\mathrm{d}\varphi \qquad (2-5-6)$$

其中，$\theta_{min} = \arccos\dfrac{v_{min}}{v}$。

① 若等离子体中电子速度服从麦克斯韦分布

$$f(v) = 4\pi\left(\frac{m_e}{2\pi kT_e}\right)^{3/2}v^2\exp\left(\frac{-m_ev^2}{2kT_e}\right) \qquad (2-5-7)$$

将速度分布函数（2-5-7）式代入探针电流密度（2-5-3）或（2-5-6）式。进行积分估算，并乘以探针收集，可以得到探针收集的电子电流 I_e 的表达式：

$$I_e = I_{e0}\exp\left[\frac{e(V_P - V_R)}{kT_e}\right] \qquad V_P < V_R \qquad (2-5-8)$$

$$I_e = I_{e0} \qquad V_P > V_R$$

其中：

$$I_{e0} = A_P en_{e\infty}\left(\frac{kT_e}{2\pi m_e}\right)^{1/2} \qquad (2-5-9)$$

$n_{e\infty}$ 是未扰动等离子体的电子密度，A_P 是探针的收集面积，k 是玻尔兹曼常数，T_e 是电子温度，I_{e0} 通常称为电子饱和电流。

类似上述方法，同理可得探针收集离子电流的公式为

$$I_i = I_{i0} \exp\left[\frac{-e(V_P - V_R)}{kT_i}\right] \qquad V_P < V_R \qquad (2\text{-}5\text{-}10)$$

$$I_i = I_{i0} \qquad V_P > V_R$$

其中

$$I_{i0} = A_P Z e n_{i\infty}\left(\frac{kT_i}{2\pi m_i}\right)^{1/2} \qquad (2\text{-}5\text{-}11)$$

$n_{i\infty}$ 是未扰动等离子体的离子密度，m_i 是离子质量，T_i 是离子温度，Z 是离子电荷数，一般认为等于 1，I_{i0} 通常称为电子饱和电流。

由等离子体准中性条件得 $n_{e\infty} = n_{i\infty} = n_0$，$n_0$ 为未扰动等离子体的电子或离子密度，可统称为等离子体密度。

实际上，探针同时收集电子和离子电流，实验测量的探针电流为

$$I = I_e - I_i \qquad (2\text{-}5\text{-}12)$$

因此，将探针电子电流（2-5-8）式和离子电流（2-5-10）式代入探针电流（2-5-12）式，可以得到

$$I = I_{e0} - I_{i0}\exp\left[\frac{-e(V_P - V_R)}{kT_i}\right] \qquad V_P > V_R$$

$$I = I_{i0}\exp\left[\frac{e(V_P - V_R)}{kT_e}\right] - I_{i0} \qquad V_P < V_R \qquad (2\text{-}5\text{-}13)$$

上式就是朗缪尔探针的经典理论模型。其典型的伏安特性曲线如图 2-5-2 所示，$d \sim c$ 区间为粒子饱和流区，$a \sim b$ 区间为电子饱和流区，$c \sim a$ 区间为过渡区。

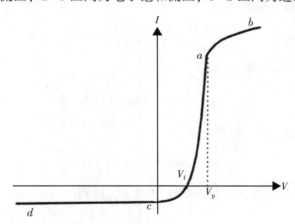

图 2-5-2 典型的朗缪尔探针伏安特性曲线

根据探针伏安特性曲线很容易可以确定等离子体的空间点位 V_P 和悬浮电位 V_F。由式（2-5-13）可求得等离子体的电子温度为：

$$T_e = \frac{e}{k}\frac{1}{\left|\dfrac{\mathrm{dln}(I + I_{i0})}{\mathrm{d}V_p}\right|} \qquad (2\text{-}5\text{-}14)$$

由此可见，只要求出伏安特性半对数曲线 $\ln(I+I_{i0}) \sim V_P$，从其直线部分的斜率就可以求出电子温度。

另外，悬浮电位处探针伏安特性曲线的斜率为

$$T_e = \frac{e}{k} \frac{I_i}{\frac{\mathrm{d}I}{\mathrm{d}V_P} - \left|\frac{\mathrm{d}I_i}{\mathrm{d}V_P}\right|_{V=V_F}} \qquad (2-5-15)$$

根据式（2-5-15），采用图解法也可以很容易确定出电子温度。在确定等离子体电子温度之后，利用电子饱和流表达式可以直接求出等离子体电子密度：

$$n_0 = \left(\frac{I_{e0}}{eA_P}\right)\left(\frac{2\pi m_e}{kT_e}\right)^{1/2} \qquad (2-5-16)$$

② 若等离子体中电子速度为非麦克斯韦分布对 φ 和 θ 积分，式（2-5-6）变为

$$I_e = \pi eA \int_{v_{min}}^{\infty} v^3\left(1 - \frac{v_{min}^2}{v^2}\right)f_e(v)\,\mathrm{d}v \qquad (2-5-17)$$

引入代替变量 $\varepsilon = \frac{1}{2}mv^2/e$，式（17）变为

$$I_e = \frac{2\pi e^3}{m^2}A \int_v^{\infty} \varepsilon\left\{\left(1 - \frac{V}{\varepsilon}\right)f_e[v(\varepsilon)]\right\}\mathrm{d}\varepsilon \qquad (2-5-18)$$

对 V 求一次微分，得到

$$\frac{\mathrm{d}I_e}{\mathrm{d}V} = -\frac{2\pi e^3}{m^2}A \int_v^{\infty} f_e[v(\varepsilon)]\,\mathrm{d}\varepsilon \qquad (2-5-19)$$

对 V 求二次微分，得到

$$\frac{\mathrm{d}^2I_e}{\mathrm{d}v^2} = \frac{2\pi e^3}{m^2}Af_e[v(V)] \qquad (2-5-20)$$

引入电子能量分布函数 $g_e(\varepsilon)$

$$g_e(\varepsilon)\mathrm{d}\varepsilon = 4\pi v^2 f_e(v)\,\mathrm{d}v \qquad (2-5-21)$$

利用 ε 和 v 间的关系，得到

$$g_e(\varepsilon) = 2\pi\left(\frac{2e}{m}\right)^{3/2}\varepsilon^{1/2}f_e[v(\varepsilon)] \qquad (2-5-22)$$

用式（2-5-22）代替式（2-5-20）中的 f_e，得到

$$g_e(V) = \frac{2m}{e^2A}\left(\frac{2eV}{m}\right)^{3/2}\frac{\mathrm{d}^2I_e}{\mathrm{d}v^2} \qquad (2-5-23)$$

此式给出了用 $\mathrm{d}^2I_e/\mathrm{d}v^2$ 的测量值表示的 $g_e(V)$。

由 $g_e(V)$ 可以获得电子密度 n_e 和平均能量 $\langle\varepsilon\rangle$（即平均的电子温度）

$$n_e = \int_0^{\infty} g_e(\varepsilon)\mathrm{d}\varepsilon = \left(\frac{2}{e}\right)^{3/2}\frac{m_e^{1/2}}{A}\int_0^{\infty} v^{1/2}\frac{\mathrm{d}^2I_e}{\mathrm{d}v^2}\mathrm{d}V \qquad (2-5-24)$$

$$\langle \varepsilon \rangle = \frac{1}{n_e}\int_0^\infty \varepsilon g_e(\varepsilon)\,\mathrm{d}\varepsilon = \frac{e\displaystyle\int_0^\infty v^{3/2}\frac{\mathrm{d}^2 I_e}{\mathrm{d}v^2}\mathrm{d}V}{\displaystyle\int_0^\infty v^{1/2}\frac{\mathrm{d}^2 I_e}{\mathrm{d}v^2}\mathrm{d}V} \tag{2-5-25}$$

4　实验内容

（1）测量气压 3 Pa，电源频率 13.56 MHz，功率 30~100 W 时，氩等离子体的电子温度和密度。

（2）测量气压 3 Pa，电源频率 27.12 MHz，功率 30~100 W 时，氩等离子体的电子温度和密度。

（3）测量电源频率 13.56 MHz，功率 50 W，气压 3~10 Pa，时，氩等离子体的电子温度和密度。

5　实验仪器

朗缪尔探针、真空腔、射频电源等。

6　实验指导

（1）使用机械泵和分子泵对真空腔抽气，使本底气压降至 5×10^{-3} Pa 以下。

（2）通入氩气，通过气体质量流量计的控制使真空腔中气压达到实验所需气压。

（3）打开射频电源，加 20 W 左右功率，调节匹配器，使反射功率降至最低（一般能降到 2 W 以内），然后调节至实验所需功率（如反射功率超过 2 W 则再调节匹配器使之重新降至 2 W 以内）。

（4）打开探针及软件，进行测量，记录测量数据，分析结果，总结获得电子温度和密度随电源功率、频率以及气压变化的规律。

7　实验数据处理

根据实验内容表格自拟，并利用相应软件计算获得所要测量的等离子体参量。

附录：朗缪尔探针系统的使用说明

1. 系统介绍

MMLAB-prob-1 型探针系统是 MMLAB-prob 系列朗缪尔探针系统的单探针型号。MMLAB-prob 系列朗缪尔探针系统基于虚拟仪器原理设计，具有硬件结构简单、可靠性强、抗扰动能力强等优点。MMLAB-prob 系列朗缪尔探针系统的软件界面友好，操作简便，实现诊断与数据处理全过程自动化。MMLAB-prob 系列朗缪尔探针系统的设计原理已获中国发明专利授权（No. 200610134481.0）。

2. 系统硬件构成

MMLAB-prob-1 型探针系统硬件由探针、驱动采集单元和计算机构成（图 2-5-3）。其中，驱动采集单元一端通过 USB 接口与计算机连接，另一端由电缆与探针连接，其作用一是按照计算机的指令生成扫描信号，放大后为探针提供偏置，二是采集探针的电压电流值并输入计算机。

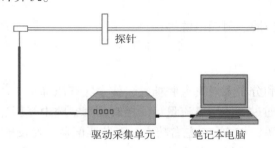

图 2-5-3　MMLAB-prob-1 型探针系统硬件示意图

3. 软件操作界面

软件操作界面如图 2-5-4 所示。

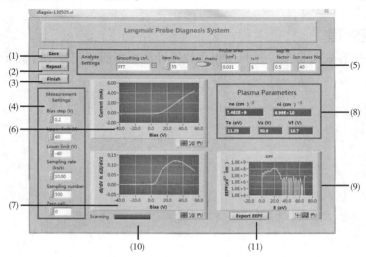

图 2-5-4　MMLAB-prob-1 型探针采集软件界面图

其中各个按钮、控件及指示器的作如下：

（1）存储按钮。对测量/分析数据进行存储/重新存储。

（2）重复按钮。重新执行测量/分析任务。

（3）结束按钮。结束任务并关闭程序。

（4）测量参数设定区。

Bias step：电压扫描步长，取值（0，1）。

Upper limit：扫描电压上限，取值≤80。

Lower limit：扫描电压下限，取值≥-80。

Sampling rate：采样率，取值≤125。

Sampling number：每点采样数，取值<2000。

Zerocali.：零电流校准

（5）分析参数设定区。

设定探针面积、离子摩尔质量数、手动分析参数和数值平滑方式及参数。

平滑处理控制复选框包括"no smoothing"、"polynomial"和"FFT"三个选项。"no smoothing"为不作平滑处理，"polynomial"为滑动多项式平滑处理，选定后伴随出现"Segment Length"控件，表示单段多项式拟合的曲线长度，该数值缺省值为7，实际操作时可以根据拟合效果调整数值，过小可能平滑不足，过大可能会平滑过度。"FFT"为快速付利叶变换平滑处理，选定后伴随出现"item No."控件，表示对数据作付利叶变换后保留的频率成分，该数值缺省值为55，实际操作时可以根据拟合效果调整数值，过大可能平滑不足，过小可能会平滑过度。

*注：拟合效果通过显示区（6）中的测量曲线和平滑后曲线的吻合程度判断。

auto/manu控件：控制程序按自动/人工设定的参数计算等离子体参数。自动模式下需要设定探针面积和电子电流起始电位（指离子电流从此处开始因电子电流的贡献偏离线性变化）；手动模式下除上述参数外还需设定等离子体电位和指数拟合因子。

注：自动模式下程序以 $I-V$ 特性曲线导数最大值所对应的偏置电压为等离子体电位。当等离子体扰动等因素使测得的 $I-V$ 曲线不够光滑，以至于程序不能正确取得等离子体电位时，可将auto/manu开关置于"manu"，然后根据 dI/dV 变化趋势人工判断并设定等离子体电位VS。指数拟合因子（exp fitting factor）用来获得最佳指数拟合，取值范围为（0，1），缺省值为0.3（见附录3）。

（6） $I-V$ 特性曲线显示区。

显示原始I-V特性曲线（黄色，图2-5-4中（6）显示）、平滑处理后的曲线（绿色，图2-5-4中（6）显示）和过渡区指数拟合曲线（红色，图2-5-4中（6）显示）。

（7） dI/dV 与 d^2I/dV_2 。

显示区：根据图中一阶导数（黄色线，图2-5-4中（7）显示）最大值或二阶导数（红色线，图2-5-4中（7）显示）过零点可以人工判断等离子体空间电位。

（8）等离子体参数显示区：显示由 I-V 特性曲线（或平滑后的曲线）分析得出的等离子体密度 Ne、离子体密度 Ni、电子温度 Te、等离子体空间电位 VS 和悬浮电位 Vf 的数值。

（9）电子能量几率分布函数（EEPF）显示区。

（10）探针偏置电压扫描进度指示。

（11）EEPF 导出按钮。

注：利用（6）、（7）、（9）三个显示区右下角的控件可以实现显示图形的局部放大，便于细节观察。

4. 软件操作

运行"diagsis.exe"后，程序弹出对话框要求用户选择程序运行方式，如图 2-5-5 所示。其中，"Measure"为测量新数据；"Analyze"为读入已存储的测量数据进行分析处理；"Cancel"为不执行任务并关闭程序。

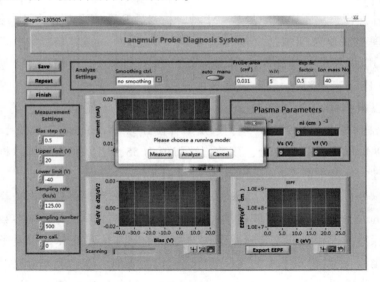

图 2-5-5　MMLAB-prob-1 型探针采集软件操作图

（1）测量

运行程序"diagsis.exe"，单击"Measure"按钮，程序按缺省参数执行测量任务，完成后将测量结果显示在相应的区域中。这个状态下可以调整分析设定参数。按下"Save"按钮保存数据；按下"ExportEEPF"按钮可以导出 EEPF 数据。调整测量设定参数并按下"Repeat"按钮，程序按设定参数重新执行测量任务。

注：驱动采集单元不连接探针时运行程序进行测量，电流应当是零。但由于采集卡本身可能存在小的偏差，实测电流有时是一个小的非零值，这时需要对电流测量进行校准。方法是：驱动采集单元不连接探针，运行程序进行一次测量，在 I-V 特性曲线显示区中读出实测电流值，在"Zero cali."控件中输入该值。重复运行测量，确认

显示电流足够接近零。

（2）已存数据再分析

运行程序"diagsis. exe"，单击"Analyze"按钮，程序弹出对话框要求选择数据文件。选定后数据及自动分析结果显示在相应的区域中。这个状态下可以调整分析设定参数。按下"Save"按钮重新保存或另存数据；按下"Export EEPF"按钮可以导出EEPF数据；按下"Repeat"按钮，程序弹出对话框供用户选择新的数据文件重新执行分析任务。

注：程序不支持测量模式和分析模式之间的直接切换。测量模式和分析模式之间的切换需要通过结束当前任务并重新启动程序来实现。真空腔，机械泵，分子泵的使用说明请见低气压容性耦合等离子体（CCP）特性实验。

实验 2-6　等离子体发射光谱诊断技术

1　实验简介

　　光谱方法是对等离子体中发生的复杂物理和化学过程进行诊断，及测量等离子体温度的重要手段。由于光谱诊断是非侵入式的，它对等离子体没有干扰。目前用于等离子体诊断的光谱技术主要包括：等离子体发射光谱（optical emission spectroscopy，OES）、吸收光谱（absorption spectroscopy，AS）、激光诱导荧光光谱（laser induced fluorescence，LIF）和光腔衰荡光谱（cavity ring down spectroscopy，CRDS）。发射光谱对等离子体过程进行监测与诊断是通过测量等离子体中产生的光发射谱来获得等离子体信息的方法，它是最常用的比较简单的测量方法。发射光谱的谱特征提供了等离子体中的化学和物理过程丰富的信息，通过测量谱线的波长和强度，就能够识别等离子体中存在的各种离子和中性基团，因此发射光谱诊断在实验室科学研究和工业生产中得到广泛应用。

2　实验目的

　　（1）了解发射光谱的基本原理，掌握其使用方法。
　　（2）掌握利用光强比值法测量电子激发温度的诊断方法。
　　（3）掌握利用光谱拟合法测量等离子体气体温度的诊断方法。

3　实验原理

3.1　发射光谱原理

　　等离子体作为通过放电激励而维持的体系，不断吸收电场或电磁波能量，并不断地转化为等离子体的热能、机械能和光能等形式，因此等离子体是一种含有多种具有电磁辐射能力的激发态物质的富能体系。等离子体的电磁波辐射分为如下几类：离子、电子加速时产生的韧致辐射；离子电子复合反应时发出的连续辐射；自由基或亚稳态成份通过化学反应或碰撞形成激发态而产生的化学反应发光或碰撞辐射；以及电子激发形成的激发态物质的特征辐射等。这些辐射形成了等离子体的发射光谱。

　　在低气压等离子体中前两种辐射的强度很弱，并且大都位于红外波段，因此一般不能用于诊断分析，而碰撞辐射、反应发光和特征辐射是低温等离子体光发射的主要过程。对于低温等离子体，特征辐射是等离子体发射光谱的主要组成部分，通过这种发射光谱的分析可以获得等离子体状态和微观过程的许多信息。

通常情况下，物质的分子、原子、离子和基团等处于基态。然而，在由大量粒子组成的系统中，因为粒子的热运动使粒子之间或粒子与器壁间不断的相互碰撞，最终达到热平衡状态，由统计物理学可得到能级 i 上粒子的布居数 N_i 为：

$$N_i \propto g_i \exp\left(\frac{-E_i}{kT}\right) \tag{2-6-1}$$

这里 g_i 为统计权重因子，即能级的简并度。可见，处于高能态的粒子是非常少的，而且能级越高，粒子数越少，并且各能态上的粒子数与绝对温度 T 有关。当通过外界放电、辐照或化学反应等过程对处于热平衡状态粒子系统产生影响，使粒子在能级之间的分布偏离平衡时的玻耳兹曼分布，从而导致处于激发态的粒子数增加，这就是受激过程。外界作用会使处于激发态的粒子数增加很多。

与激发态粒子的形成过程相似，粒子从能量较高的激发态跃迁到能量较低的态的过程也包括两种：自发辐射和受激辐射。自发辐射是由于粒子激发态的寿命非常短，一般只有 10^{-8} 秒左右，因此，激发态的粒子可以在没有外界影响的情况下，以辐射释放光子的方式退激，形成自发辐射光谱。这一过程的特点就是其完全为自发的过程，不需外界的作用。

假设粒子的两个能级 1 和 2，1 代表粒子的基态，2 代表粒子的激发态。则自发辐射的光子的频率 v 为：

$$v = \frac{E_2 - E_1}{h} \tag{2-6-2}$$

如果该粒子系统，在此时刻处于激发态 2 上的粒子数为 N_2，则由于自发辐射，单位时间内激发态上的粒子损失率为：

$$\frac{dN_2}{dt} = -A_{21}N_2 \tag{2-6-3}$$

其中 A_{21} 为爱因斯坦自发辐射系数，它表示单位时间内通过自发辐射从激发态返回基态的粒子数。对上式积分可得：

$$N_2(t) = N_{20}\exp(-A_{21}t) \tag{2-6-4}$$

这里 N_{20} 为 $t=0$ 时刻，处于激发态 2 上的粒子数。于是能级 2 的平均自发辐射寿命为 $\tau_2 = \frac{1}{A_{21}}$。

而受激辐射是指处于激发态的粒子吸收外界的光子，从而释放出与所吸收的光子的能量、偏振方向完全相同的光子的过程。这一过程形成的就是受激辐射光谱，它是非自发的，需要外界的激发。

当利用高分辨率的光谱仪观测线光谱时，会发现每一谱线都具有一定的宽度。引起谱线加宽的机制一般包括自然加宽、碰撞加宽、多普勒加宽、电磁场加宽等。而这些加宽可能淹没了光谱的一些细节，因此尽量减少甚至消除一些主要的加宽因素，对光谱研究是非常重要的。但是，有时我们也可以利用谱线的加宽机制来测量等离子体的一些参数。

3.2　发射光谱实验装置的组成

图 2-6-1 为发射光谱分析系统基本组成示意图。放电等离子体中的光发射通过等离子体反应室上的石英窗口、聚焦透镜后进入单色仪，单色仪通过旋转衍射光栅，在波长 200 到 1000nm 之间进行扫描，用光探测器收集光子并转变为电信号，送入记录设备或计算机而得到发射光谱图。

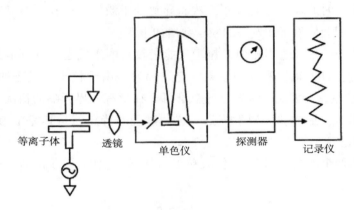

图 2-6-1　发射光谱分析系统基本组成示意图

3.3　光强比值法测量电子激发温度的原理

假设等离子体处于局域热平衡状态，并且等离子体在光学上是稀薄的（即与自发发射相比，受激发射和吸收可以忽略），从原子线的绝对强度可以推出形式上的电子激发温度。电子激发温度对应于将原子从基态激发到受激态的电子温度，并且激发温度可以根据谱线强度比的方法来获得，假设电子能量呈麦克斯韦分布，则可以表示为：

$$\frac{I_1}{I_2} = \frac{\lambda_2 g_1 A_1}{\lambda_1 g_2 A_2}\exp\left(\frac{E_2 - E_1}{kT_e}\right)\tag{2-6-7}$$

其中，E_i 是激发态的能量，I_i 光谱线强度，λ_i 是光谱线的波长，g_i 统计权重，A_i 是爱因斯坦辐射系数。这样只要通过光谱测量同一元素的两条不同的谱线就可以得到电子激发温度 T_e，常用氢或氩的光谱来获得。

用此方法测量电子激发温度需要满足的条件是：

（1）两条光谱线的光发射均与基态布居数成正比；

（2）两个激发态经历已知的电子碰撞激发过程；

（3）跃迁没有辐射俘获；

（4）两个激发能近似相等；

（5）两条谱线的跃迁几率和其他去激活步骤不随等离子体的改变而变化；

（6）两条谱线的激发过程与电子能量的关系是相同的。

3.4　光谱拟合法测量等离子体气体温度的原理

在通常情况下，分子的转动能与平动能之间可以快速的达到平衡，所以转动温度在非平衡等离子体中可以被看作是气体动力学温度的指标，即可以通过测量气体的转动温度来得到气体动力学温度。双原子分子转动温度的测量最为简单，通常低气压下用 N_2 和大气压下用 OH 进行测量。

假设粒子的转动态和振动态都呈麦克斯韦—波尔兹曼分布，每种粒子有单一的转动温度和振动温度。线强度可以表示为：

$$I_{Bv''J''}^{Cv'J'} = \frac{D}{\lambda^4} q_{v', v''} \exp\left(\frac{-E_{v'}}{KT_v}\right) S_{J', J''} \exp\left(\frac{-E_{J'}}{KT_r}\right) \quad (2\text{-}6\text{-}8)$$

其中 D 是特定于某个跃迁的比例常数仅与光谱仪的几何尺度、敏感度和电子跃迁因素有关，λ 为跃迁所对的波长，K 为波尔兹曼常数，$q_{v', v''}$ 是弗兰克-康登因子即各个振动态强度的比例因子，$S_{J', J''}$ 是霍尔-伦敦因子即各个转动态强度的比例因子，T_v 和 T_r 就是要求的振动温度和转动温度。$E_{v'}$ 是跃迁中较高振动能级的振动能，它可以表示为：

$$E_{v'} = hc\omega_e\left(v' + \frac{1}{2}\right) - hc\omega_e x_e\left(v' + \frac{1}{2}\right)^2 \quad (2\text{-}6\text{-}9)$$

其中，h 是普朗克常数，c 是光速，ω_e 和 $\omega_e x_e$ 是振动态常数。$E_{J'}$ 为较高转动能级的转动能，它的量子数为 J'，可以表示为：

$$E_{J'} = hcB_{v'}J'(J' + 1) \quad (2\text{-}6\text{-}10)$$

其中，$B_{v'}$ 是转动态常数。

谱带的强度分布受每个转动峰展宽的影响。采用 Phillips 提出的综合了各种展宽效应在内的有限展宽函数来描述转动峰的展宽，如方程：

$$g(\Delta\lambda) = \frac{a - \left(\frac{2\Delta\lambda}{W}\right)^2}{a + (a - 2)\left(\frac{2\Delta\lambda}{W}\right)^2} \quad (2\text{-}6\text{-}11)$$

其中，$\Delta\lambda$ 是与转动峰中心波长的波长差，a 是常数。W 为转动峰的半高宽，峰宽度展开到 $\pm Wa^{1/2}$。

4　实验内容

（1）测量氩气和氮气放电时等离子体中的发射光谱，了解氩和氮气等离子体中的特征峰位置，可结合等离子体刻蚀实验时做。

（2）利用光强比值法测量容性耦合等离子体（CCP）的电子激发温度。实验条件为氩气放电，电源频率 13.56 MHz，功率 30～70 W，气压 3～10 Pa。

（3）利用光谱拟合法测量容性耦合等离子体（CCP）的气体温度。实验条件为氮气放电，电源频率 13.56 MHz，功率 30～70 W，气压 3～10 Pa。

5　实验仪器

真空腔、进气系统、排气系统、射频电源和发射光谱仪等。

6　实验指导

（1）使用机械泵和分子泵对真空腔抽气，使本底气压降至 5×10^{-3} Pa 以下。

（2）通入氩气或氮气，通过气体质量流量计的控制使真空腔中气压达到实验所需气压。

（3）打开所需射频电源，加 20 W 左右功率，调节匹配器，使反射功率降至最低（一般能降到 2 W 以内），然后调节至实验所需功率（如反射功率超过 2 W 则再调节匹配器使之重新降至 2 W 以内）。

（4）打开发射光谱仪及其软件，进行测量，记录测量数据，了解特征峰位置，分析结果，总结获得电子激发温度和气体温度随电源功率以及气压变化的规律。

7　实验数据处理

根据实验内容表格自拟，并利用相应软件计算获得所要测量的等离子体参量。

附录：

发射光谱诊断电子激发温度常用的光谱数据表

发射线	E_j（eV）	j_i（nm）	g_j	A_{ji}（$10^7 s^{-1}$）
Ha	12.0875	656.3	6	6.47
Hb	12.7485	486.1	6	2.06
Ar	22.9486	358.8	10	30.3
Ar	15.30	516.22	3	0.09143
Ar	15.46	537.34	5	0.05551
Ar	14.69	693.76	1	0.317
Ar	13.328	696.5	3	0.639
Ar	13.302	706.7	5	0.38
Ar	13.28	714.70	3	0.06434
Ar	13.328	727.3	3	0.183
Ar	14.84	731.17	3	0.177
Ar	13.302	738.4	5	0.847
Ar	13.48	750.38	1	4.72
Ar	13.27	751.46	1	4.29
Ar	13.172	763.5	5	2.45
Ar	13.283	794.8	3	1.86
Ar	13.172	800.6	5	0.49
Ar	13.095	801.5	5	0.928
Ar	13.153	810.4	3	2.5
Ar	13.076	811.5	7	3.31
Ar	13.328	826.5	3	1.53
Ar	13.302	840.8	5	2.23
Ar	13.095	842.5	5	2.15
Ar	13.283	852.1	3	1.39

实验 2-7　质谱法测定氧气放电
组成成份及能量实验

1　实验简介

自 Thomoson 发明了著名的抛物面摄谱仪、测量了 Ne 的同位素 20Ne 和 22Ne 以来，单聚焦和双聚焦的高分辨率质谱仪得到发展，并在等离子体研究中得到应用。1953 年，Paul 和 Steinwedel 发明了四极质谱仪，成为等离子体质谱诊断的里程碑。等离子体质谱主要用于等离子体中重粒子的诊断，可以定性和定量分析原子、分子、基团和离子，确定这些物种的性质、浓度和能量，成为等离子体薄膜沉积、刻蚀和表面处理等加工工艺控制的重要手段。目前常用的质谱仪主要有磁偏转质量分析器、飞行时间质谱仪和四极质谱仪。磁偏转质量分析器通过洛伦兹力的作用来分析离子，飞行时间质谱仪利用不同质量离子的漂移速度差异来分析离子，四极质谱仪根据离子的质量与电荷比 m/e 来分析离子。在低温等离子体诊断中，四极质谱仪是最常用的质谱仪。

2　实验原理

质谱分析的基本过程是在离化源中将原子或分子离化而产生离子，接着在质量分析系统将离子进行分离，然后利用离子探测器和能量分析器得到离子种类、浓度和离子能量。因此，质谱分析的关键是样品的离化和离子的分离。四极质谱仪是等离子体诊断中最常用的质谱仪，由离化源、四极杆质量分析器、离子探测器组成。

2.1　离化源

四极质谱仪的离化源为电子碰撞离化。在离子源中，荷能电子束与取自等离子体反应室的粒子发生碰撞，将其变成离子。典型的离化源结构如图 2-7-1 所示。灯丝用镀氧化钍的铱丝做成，加热后产生电子束。在施加了 70 V 直流电压的阳极作用下，电子束被加速，与中性粒子碰撞形成离子。离子被处于负电位的引出电极引出，并被聚焦电极聚焦形成窄束沿着四极杆的 z 轴（与杆的方向平行）射入四极杆质量分析器。

2.2　质量分析器

四极杆质量分析器是四极质谱仪的主要部分，由四个位于正方形四个顶点的平行导体杆或导体电极组成，如图 2-7-2 所示。理想的导体杆截面为双曲线型，在实际应用中往往采用圆形截面。四极杆分析器的典型尺寸为：杆长 $L=16$ cm，杆间半间距 $r=0.3$ cm。

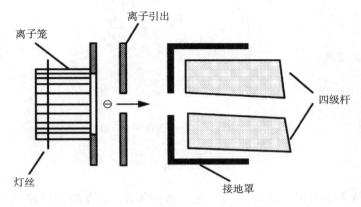

图 2-7-1   典型的离化源结构图

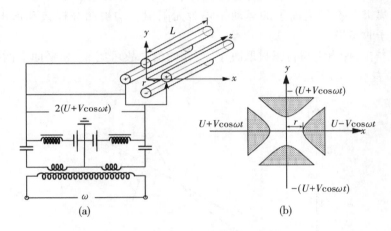

图 2-7-2   四极杆质量分析器示意图

四极杆质量分析器的工作原理如下：在相对的一对导体电极杆上施加电压信号 $\Phi(t) = U + V\cos(\omega t)$，在另一对导体杆上施加相反的电压信号 $-\Phi(t)$，其中 U 是直流电压，V 是频率为 ω 的射频电压的幅值。

其空间电位分布：

$$\Phi(x, y, t) = (U + V\cos\omega t) \cdot \frac{x^2 - y^2}{r_0^2}$$

其中，r_0^2 是场半径（中心轴至电极的距离）

当质量为 M，电荷为 e 的正离子射入四级电场时，其运动标准方程为如下的马蒂尔方程：

$$\frac{\mathrm{d}^2 x}{\mathrm{d} t^2} + \frac{2e}{mr_0^2}(U + V\cos\omega t) \cdot x = 0$$

$$\frac{\mathrm{d}^2 y}{\mathrm{d} t^2} - \frac{2e}{mr_0^2}(U + V\cos\omega t) \cdot x = 0$$

$$\frac{\mathrm{d}^2 z}{\mathrm{d} t^2} = 0$$

$$\zeta = \frac{\omega t}{2}, \quad a = \frac{8eU}{mr_0^2\omega^2}, \quad q = \frac{4eV}{mr_0^2\omega^2}$$

则将方程化简为：

$$\frac{d^2x}{d\zeta^2} + (a + 2q\cos2\zeta) \cdot x = 0$$

$$\frac{d^2y}{d\zeta^2} - (a + 2q\cos2\zeta) \cdot y = 0$$

$$\frac{d^2z}{d\zeta^2} = 0$$

方程组的解表示离子沿 Z 方向作匀速运动，在 X、Y 方向有稳定和非稳定的运动。稳定的离子围绕 Z 轴作有限振幅的运动，其中初始入射条件较佳的离子能通过四级场到达离子收集极，不稳定离子的运动振幅为无限值，均被四级杆或其他电极所截获，不能到达离子收集极。

X、Y 方向的解稳定与否，只取决于 a、q 的值，故可用 a、q 平面上的稳定三角形图 2-7-3 来表示。如下：

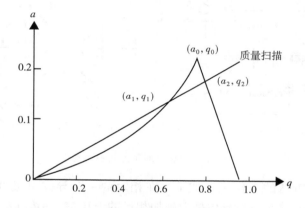

图 2-7-3　四极质谱仪的 a、q 关系图和稳定解存在的区域

图中三角形内为离子稳定区，以外为不稳定区，在给定的参数 r_0，ω，U，V 条件下，相同质量离子有相同的工作点（a、q），取 $\frac{a}{q} = \frac{2U}{V}$，与 M 无关，所有不同质量的离子工作点都在同一条通过原点斜率为 $\frac{2U}{V}$ 的直线上，此线称为扫描线，各种荷质比的离子对应的工作点（a、q）都在这条扫描线上，但只有扫描线与稳定区相交的（a_1，q_1），（a_2，q_2）点之间对应的质量范围的离子是稳定的。增加 $\frac{U}{V}$ 的比值，仪器的分辨能力变高。保持 $\frac{U}{V}$ 的比值不变，若 U、V 值从零逐渐增大即可使不同的离子按质量大小从大到小依次通过四极场到达收集极，从而实现质量扫描，得到相应的质谱峰。

2.3　离子探测器

　　在四极质谱仪中，离子探测器可采用法拉第筒或电子倍增器。法拉第筒是一般测量时最常用的探测器，对于微弱的信号，需要采用电子倍增器。法拉第筒的灵敏度与离子的质量无关，也就是说法拉第筒没有质量识别能力。二次电子倍增器具有质量识别能力，它取决于其结构的设计和工作电压。在高电压下，对大质量离子有较高的灵敏度。法拉第筒测量方法简单方便，电子倍增器的增益会随时间和外界环境而变化，因此电子倍增器需要定期定标。虽然四极质谱仪的动态范围达到 107，在实际等离子体诊断中，因为空间残留气体的污染，本底信号较高，极少能到这个范围。在等离子体诊断中，经常遇到的高本底物质主要在 $m/z = 28$ 和 29 amu 处。对于 $m/z = 28$ amu，本底主要为 CO、C_2H_4、N_2、^{28}Si；对于 $m/z = 29$ amu，本底主要为 ^{13}CO、$^{14}N\,^{15}N$、C_2H_5、^{29}Si

2.4　四极质谱仪的分辨率

　　四极质谱仪的分辨率定义为分离相邻质量峰的能力，通常采用的分辨率为 10% 峰 240。

　　谷定义，即峰中心的质量 m 与峰高 10% 处的 Δm 之比 $m/\Delta m$，四极质谱仪的分辨率定义如图 2-7-4 所示。

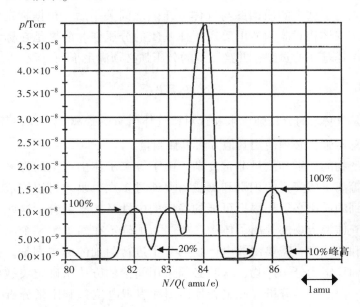

图 2-7-4　四极质谱仪的分辨率定义示意图

　　根据 Δm 或比值 $m/\Delta m$，四极质谱仪有两种工作模式：恒定分辨率模式和恒定 Δm 模式。在恒定分辨率模式下，四极质量分析仪对整个质量范围扫描会导致高质量、低速度离子测量灵敏度的降低。在恒定 Δm 模式下，分辨率会随质量 m 的增大而增大，但同时会附加仪器传输的影响。最佳的工作模式是恒定 Δm 的扫描模式，即保持 Δm 恒定在某个数值以确保质量的分离达到 1 amu，这时，分辨率正比于 m。如果 $\Delta m = 1$，在质量为 30 处分离相邻峰所需的分辨率为 30，而在质量为 250 处分辨率必须达到 250 才能分离相邻峰。因此，四极质谱仪采用恒 Δm 的扫描模式，以便在测量低质量离子时有较高的灵敏度。

在实用中，极大多数四极杆系统可以通过电调节使其既可以工作在恒定分辨率模式、也可以工作在恒定 Δm 模式。选择某个模式后，必须用已知的化合物或标准混合气体，对整个质量范围内的峰强和分辨率进行标定。

当采用四极质谱仪探测低质量离子时，由于 U 和 V 都接近零，导致 V/U 比值非常大，四极杆质量分析器停止了作为质量过滤器的作用，使得大量质量没有分离的离子通过分析器，探测器检测到一个大电流信号，这个大电流信号称为零冲击，零冲击干扰了四极质谱仪对质量为 1 和 2 离子的测定，因此，不能用四极质谱仪分析气体氢。

2.5　四极质谱仪的标定

四极质谱仪的标定就是确定一种特定气体的质谱信号与其分压强之间的关系。将待测的某种气体单独加入反应器中，测量这种气体的质谱图就完成了标定过程。标定过程必须在某个气压、流量范围内作多次重复测量，且反应器中没有放电。标定过程也必须确定质谱图与离子源放电参量之间的关系。标定过程还须对惰性气体进行标定，作为参照。当确定了选定的质谱图与气体分压强之间关系后，根据标定的质量数，可以推断出与前驱气体相对应的放电等离子体基团的分压强。前提是在标定的质量数处没有其他等离子体基团的贡献，并且测量的分压强必须满足下列方程

$$\sum_i p_i = p$$

式中，p_i 是气体 i 的分压强，求和针对该气体所有的等离子体产物基团；p 为等离子体反应器的总压强，必须使用其他方法单独测量。

等离子体产物的识别和测量非常复杂。由于等离子体中产生的许多基团不能事先标定，因此，等离子体产物的识别和测量需要通过多次重复才可以完成。对于等离子体产物，观察到的质谱必须先根据可能的稳定的中性基团来解释，这些中性基团可以在原始气体或气体混合物的等离子体中产生。为了确定在离子源某个电子轰击能量下的灵敏度因子和裂片谱，需要用放电产物的分子进行附加的标定测量。在有些放电情况下，不能得到稳定的分子产物，这时必须采用间接的方法来确定灵敏度因子。在中性基团分析中，由于定性分析（确定裂片谱图和表观电位）和定量分析（确定绝对灵敏度，即谱峰信号强度与分压强的比）需要进行大量的数据标定。在采用计算机快速采集数据后，中性基团的分析标定变得简洁容易。

3　实验内容

（1）检测低气压未放电状态下反应腔内所包含的物质，使用质谱仪的 RGA 模式，利用质谱仪自带的灯丝使中性分子电离以便检测。真空反应腔内主要有残余的气体，包括水蒸汽、氮气、氧气和二氧化碳，还含有一些未知的杂质。

（2）通入氩气，设置射频功率分别为 100 W、200 W、300 W，研究不同功率下纯氩等离子体处理 PET 膜时所产生的物质。在等离子体放电过程中，由于腔体中大部分粒子已经带电，所以我们选择质谱仪的 +SIMS 模式进行测量，质谱仪将检测到带正电的粒子。测量了不同功率下氩的活性种的动能分布

4　实验仪器

EQP 500，ICP 等离子体放电系统。

5　实验指导

（1）了解质谱仪的原理及使用方法。
（2）用质谱仪检测低气压下未放电包含的物质。

6　实验步骤

（1）首先连接机械泵，分子泵，压力示数器电源线。
（2）打开压力示数器背部的电源开关，以及分子泵背部开关（前面板开关不要触碰）。
（3）打开机械泵开关，腔体内气压开始降低，直到示数器显示腔内气压小于 5 时，打开分子泵启动按钮。并按"←"键，直至分子泵显示器显示 actually spd。
（4）分子泵 actually spd 会不断上升至 1000 Hz。腔内气压不断降低，最终当气压低于 $5×10^{-6}$pa，即可开始实验。

分析软件的使用：

首先打开分析测试软件 MASsoft 7 Professional。操作面板如下：

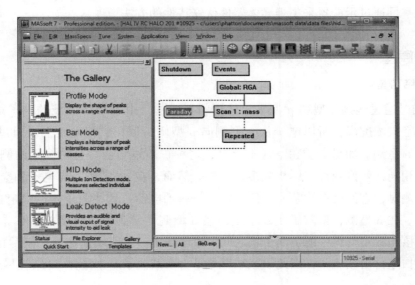

图 2-7-5　EQP 软件界面

按照测试项目的操作手册依次操作。

实验 2-8 半导体二极管的伏安特性及温度特性

1 实验简介

二极管是用半导体材料（硅、硒、锗等）制成的一种电子器件。它具有单向导电性能，即给二极管阳极和阴极加上正向电压时，二极管导通。当给阳极和阴极加上反向电压时，二极管截止。二极管主要结构就是一个 pn 结。半导体中有两种可以导电的载流子：电子和空穴。n 型半导体主要靠电子导电，存在少量空穴；p 型半导体主要靠空穴导电，存在少量电子。在半导体工艺中，通过不同类型掺杂，可以在半导体中形成 pn 结。二极管的伏安特性及温度特性反应了 pn 结载流子在电场和温度作用下的输运现象，是半导体器件和集成电路的基础之一。

2 实验目的

（1）了解温度对半导体二极管非线性器件的伏安特性的影响。

（2）掌握通过示波器采集半导体器件伏安特性的方法。

3 实验原理

3.1 pn 结势垒

pn 结是通过连接 n 型和 p 型半导体材料形成的。由于 n 型区域的电子浓度高，p 型区域的空穴浓度高，所以电子从 n 型侧向 p 型侧扩散。类似地，空穴通过扩散从 p 型侧流向 n 型侧。如果电子和空穴不带电，这种扩散过程会一直持续到两侧的电子和空穴浓度相同，就像两种气体相互接触一样。然而，在 pn 结中，当电子和空穴移动到结的另一侧时，它们会在掺杂原子位点留下暴露的电荷，这些原子位点固定在晶格中，无法移动。在 n 型侧，暴露了正离子核，在 p 型侧，暴露了负离子核。在 n 型材料中的正离子核和 p 型材料中的负离子核之间形成电场 E。该区域被称为"耗尽区"，因为电场快速扫除自由载流子，因此该区域耗尽了自由载流子。半导体 pn 结耗尽层如图 2-8-1 所示。

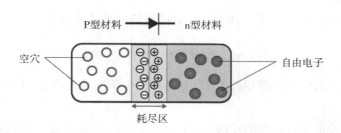

图 2-8-1　半导体 pn 结耗尽层示意图

3.2　载流子运动

无外置偏压时，pn 结代表在耗尽区存在载流子产生、复合、扩散和漂移之间的平衡。尽管电场的存在会阻碍载流子穿过电场的扩散，但一些载流子仍然能通过扩散穿过结。大多数进入耗尽区的多数载流子会向后移动返回到它们起源的区域。只有一些具有很高的速度的载流子会穿过结点。一旦多数载流子穿过结，它就变成少数载流子。它将继续从结点扩散开，并且它将继续从结点扩散开，可扩散的长度是它与区域内多数载流子复合前的传播距离。载流子通过结扩散引起的电流称为扩散电流。到达扩散区边缘的少数载流子被耗尽区中的电场扫过，该电流称为漂移电流。在平衡状态下，漂移电流在结的扩散长度内受到热产生的少数载流子数量的限制。

3.3　偏置下的二极管

正向偏压是指在器件两端施加电压，从而降低结处的电场。通过对 p 型材料施加正电压，对 n 型材料施加负电压，会在器件两端形成与耗尽区中方向相反的电场。由于耗尽区的电阻率远高于器件其余部分的电阻率（由于耗尽区中的载流子数量有限），几乎所有施加的电场都穿过耗尽区。净电场是耗尽区的现有场与外加场的差值，从而减小了耗尽区的净电场。降低电场会扰乱 pn 结处存在的平衡，降低载流子从结的一侧扩散到另一侧的势垒并增加扩散电流。当扩散电流增加时，漂移电流基本保持不变，因为它取决于耗尽区的扩散长度内或耗尽区本身中产生的载流子的数量。由于耗尽区的宽度仅减少了少许，扫过结的少数载流子数量基本不变。

从结的一侧到另一侧的扩散增加导致耗尽区边缘的少数载流子注入。由于扩散，这些载流子远离结，最终将与多数载流子复合。多数载流子由外部电路提供，因此净电流在正向偏压下流动。在没有复合的情况下，少数载流子浓度将达到一个新的、更高的平衡浓度，载流子从结的一侧到另一侧的扩散将停止，这与引入两种不同的气体时非常相似。最初，气体分子有从高载流子浓度区域到低载流子浓度区域的净运动，但当达到均匀浓度时，不再有净气体分子运动。然而，在半导体中，注入的少数载流子重新结合，因此更多的载流子可以扩散穿过结。因此，以正向偏压流动的扩散电流是复合电流。重组事件的速率越高，流过结的电流就越大。

反向饱和电流 I_0 是区分一个二极管与另一个二极管的极其重要的参数，具有较大复合的二极管将具有较大的 I_0。通过二极管的电流的表达式如下：

$$I = I_0\left(e^{\frac{qV}{kT}} - 1\right) \qquad (2-8-1)$$

其中，V 是二极管两端施加的电压，q 是电子电荷的绝对值，k 是玻尔兹曼常数，T 是绝对温度。

如果二极管反向偏置，则阴极的电压比阳极的电压要高。此时在二极管击穿之前流过的电流非常小。因为 p 型材料现在连接到电源的负极端子，所以 p 型材料中的"空穴"被拉离结，留下带电离子并导致耗尽区的宽度增加。同样，因为 n 型区域连接到正极端子，电子被拉离结，具有类似的效果。这增加了电压势垒，导致对电荷载流子流动的高阻力，从而只允许最小电流穿过 pn 结。pn 结电阻的增加导致该结表现为绝缘体。

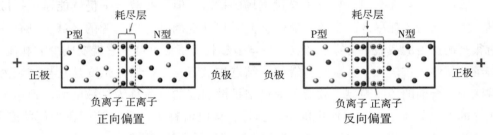

图 2-8-2　半导体 pn 正向偏置和反向偏置示意图

耗尽区电场的强度随着反向偏置电压的增加而增加。一旦电场强度增加超过临界水平，pn 结耗尽区就会击穿，电流开始流动，通常是通过齐纳或雪崩击穿过程。这两种击穿过程都是非破坏性的并且是可逆的，只要流过的电流量没有达到导致半导体材料过热和热损坏的水平。

这种效应在齐纳二极管稳压器电路中很有用。齐纳二极管具有低击穿电压。例如，击穿电压的标准值为 5.6 V。这意味着阴极电压不能比阳极电压高约 5.6 V，因为二极管会击穿，因此，如果电压变得更高，则导通。这实际上限制了二极管上的电压。二极管的伏安特性如图 2-8-3 所示。

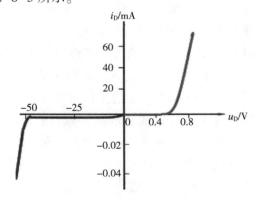

图 2-8-3　二极管伏安特性图

3.4　温度对二极管伏安特性的影响

温度增加，正向特性左移，反向特性下移；室温邻近，温度每增加 1 ℃；正向压降削减 2~2.5 mV；室温邻近，温度每增加 10℃，反向电流增大一倍。二极管的温度特性如 2-8-4 图所示。

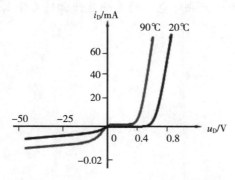

图 2-8-4　不同温度的二极管伏安特性图

4　实验内容

（1）使用示波器测试二极管伏安特性。

（2）改变二极管环境温度，观测二极管温度特性。

5　实验仪器

二极管伏安特性检测（包含信号发生器、示波器、二极管电路等），示波器。

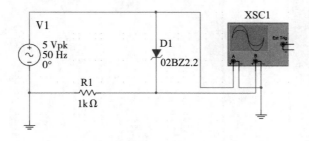

图 2-8-5　示波器检测二极管伏安特性原理图

6　实验指导

（1）了解二极管 PN 结载流子输运原理。

（2）掌握使用示波器测量二极管伏安特性的方法。

7　实验数据处理

自拟表格，需要记录的参数包括电压、电流、温度参数等。

思考题

1. 稳压二极管利用反向击穿的特性工作，是否会损坏二极管?

2. 温度对齐纳击穿和雪崩击穿电压的影响是什么? 为什么?

实验 2-9 ICCD 器件的特性研究及应用

1 实验目的

（1）了解 ICCD 器件组成。

（2）理解 ICCD 器件工作原理。

（3）利用 ICCD 特性成像。

2 实验仪器

转动装置，旋转圆盘，ICCD 拍摄系统。

3 实验原理

ICCD（Intensified CCD），带有像增强功能的 CCD 相机，一般由像增强器和 CCD 相机组成。像增强器由光阴极、微通道板、荧光屏组成。在荧光屏—微通道板之间存在高电压。光子打到光阴极后产生光电子，光电子进入微通道板后被倍增，放大后的电子束打在荧光屏上成像。此时的像为增强后的影像，然后经光纤锥耦合到 CCD 上对像进行记录。

如图 2-9-1 所示是 ICCD 拍摄系统结构示意图，ICCD 连接图像采集卡接入电脑，最后在显示屏上呈现采集得到的信息。

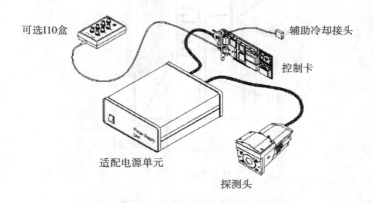

图 2-9-1 ICCD 拍摄系统结构示意图

图 2-9-2 ICCD 为相机内部结构，主要部件包括图像增强器、CCD 传感器、耦合透镜、冷却装置等。

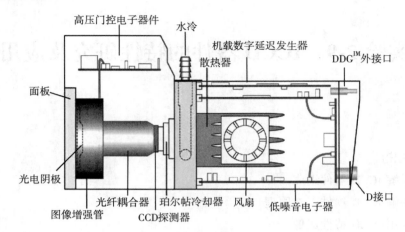

图 2-9-2　图像增强器的结构示意图

3.1　图像增强器原理

图像增强器是 ICCD 相机中除了 CCD 传感器外最重要的元件，其作用是放大入射光强信号，从而使 CCD 相机可以在光强很低和曝光时间极短的条件下工作。图 2-9-3 是图像增强器的结构示意图，主要由光电阴极，微通道板和荧光屏组成。在荧光屏和微通道板之间存在高电压。光电阴极把入射的光子转化成电子，然后通过微通道板大幅提高电子数目，最后通过荧光屏将电子再重新转换成光子，从而达到放大的目的。

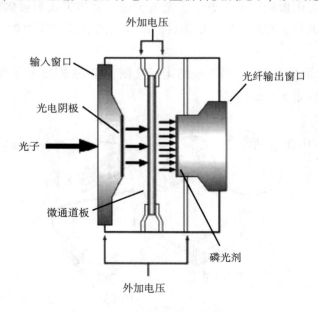

图 2-9-3　图像增强器工作原理示意图

除了诊断低强度的光信号，高快门速度也是 ICCD 相机必须达到的。如图 2-9-4 所示在图像增强器中，当光电阴极和微通道板之间的控制电压为负时，光电子向微通道板运动，快门打开；相反，当控制电压为正时，光电子不能到达微通道板，快门关闭。快门的开和关由控制电压的大小来控制，通常 ICCD 相机的快门速度能够达到纳秒甚至皮秒量级。ICCD 通过高压脉冲来控制实现快门在极短时间内的开关，这是机械快门无法实现的。最后，当光子从荧光屏发出后，经过耦合透镜，投射到 CCD 表面。然后 CCD 将光学影像转化为数字信号。

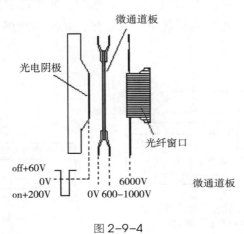

图 2-9-4

3.2　电荷储存

构成 CCD 的基本单元是 MOS（金属—氧化物—半导体）结构，如图 2-9-5（a）所示。在栅极 G 施加正偏压 U_g 之前，P 型半导体中空穴（多数载流子）的分布是均匀的。当栅极施加正偏压（此时 U_g 小于 P 型半导体的阈值电压 U_{th}）后，空穴被排斥，产生耗尽区，如图 2-9-5（b）所示。偏压继续增加，耗尽区将进一步向半导体体内延伸。当 $U_g > U_{th}$ 时，半导体与绝缘体界面上的电势（常称为表面势，用 O_s 表示）变得如此之高，以至于将半导体内的电子（少数载流子）吸引到表面，形成一层极薄的但电荷浓度很高的反型层，如图 2-9-5（c）所示。

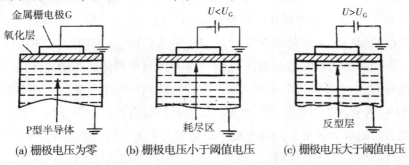

(a) 栅极电压为零　　(b) 栅极电压小于阈值电压　　(c) 栅极电压大于阈值电压

图 2-9-5　单个 CCD 栅极电压变化对耗尽区的影响

3.3 光敏元的感光原理

光敏元由一个 MOS 电容器或光电二极管组成。以 P 型 Si 基底 MOS 电容器为例，其结构主要是在 P 型 S 表面形成一薄层 SiO_2，再在 SO_2 上面沉积一层金属（如 Al）。SiO_2 薄层相当于电容器中的电介质，金属层为栅极。MOS 电容器尺度非常小，约 $10\mu m$，是典型的点电容器(图 2-9-6(a))。当栅极接入正电压时，其电场可透过绝缘层 SiO_2 对 P 型 Si 中的载流子进行排斥或吸引。正电压越高，电场对电子的吸引力就越强，这一现象称为电子势阱。当光敏元受到光照时，光子能量使栅极附近的半导体中产生空穴—电子对，电子被吸入势阱中。光越强，光照时间越长，势阱中吸收的电子就越多；反之亦然。

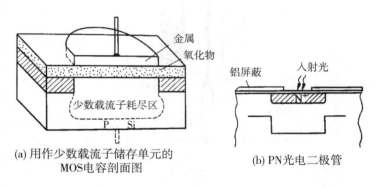

(a) 用作少数载流子储存单元的   (b) PN光电二极管
MOS电容剖面图

图 2-9-6　两种摄像器件的光敏元

图 2-9-6(b)中光敏元采用了 PN 结结构。光电二极管处于反偏压状态，形成耗尽层，摄像时光照射到光敏元面上，光子被光敏元吸收，产生电子空穴对，多数载流子（空穴）进入耗尽区外的衬底，然后通过接地消失，少数载流子（电子）便被收集到势阱中成为光生信号电荷。光敏元就这样实现了光电转换。光照停止后，吸收在势阱中的电子以空间电荷的形式也会保存较长时间，这就实现了对光信号的记忆。

3.4 电荷耦合

CCD 势阱中的存储电荷要以一定的顺序转移到输出电路中，必须进行电荷转移。以表面沟道 CCD 为例。相邻单元间的距离很小，约几微米。控制势阱深度的栅极电压按一定的规律和顺序变化使势阱深度沿单方向平移运动，存储在势阱中的信号电荷在此栅极电压的控制下随势阱运动而在 CCD 内半导体与绝缘体之间的界面移动。

为了理解 CCD 中势阱和电荷如何从一个位置移到另一个位置，可观察图 2-9-7 中所示的 CCD 中四个彼此靠得很近的电极。假定开始时有一些电荷存储在偏压为 10 V 的第一个电极下面的深势阱里，其他电极上均加有大于阈值的较低电压(例如 2 V)。设图 2-9-7(a)为零时刻（初始时刻），经过 t_1 时刻后，各电极上的电压变为如图 2-9-7 (b) 所示，第一个电极仍保持为 10 V，第二个电极上的电压由 2 V 变到 10 V。因这两个电极靠得很近（间隔只有几微米），它们各自的对应势阱将合并在一起，原来在第一个电极下的电荷变为这两个电极下的势阱所共有，如图 2-9-7(b) 和 (c) 所示。若此后电极上的电压变为如图 2-9-7(d) 所示，第一个电极电压由 10 V 变为 2 V，第二个电极电压仍为 10 V，则共有的电荷转移到第二个电极下面的势阱中，如图 2-9-7(e) 所示。由此可见，深势阱及电荷包向右移动了一个位置。通过将按一定规则变化的电压加到 CCD 各电极上，电极下的电荷包就能沿半导体表面按一定方向移动。通常把 CCD 电极分为几组，每一组称为一相，并施加同样的时钟脉冲。CCD 的内部结构决定了使其正常工作成需要的相数。如图 2-9-7 所示的结构需要三相时钟脉冲，其波形图如图 2-9-7(f) 所示，这样的 CCD 称为三相 CCD。三相 CCD 的电荷耦合（传输）方式必须在三相交叠脉冲的作用下，才能以一定的方向逐单元地转移。另外必须强调指出，CCD 电极间隙必须很小，电荷才能不受阻碍地从一个电极下转移到相邻电极下。如果电极间隙比较大，两相邻电极间的势阱将被势垒隔开，不能合并，电荷也不能从一个电极向另一个电极完全转移，CCD 便不能在外部脉冲作用下正常工作。

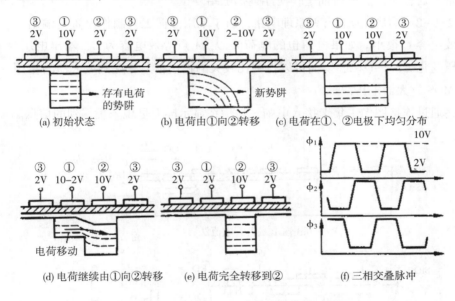

图 2-9-7 三相 CCD 中的电荷转移过程

3.5 移位寄存器中信息电荷的传输原理

光敏元件的感光电荷首先在转移脉冲的作用下经过转移栅送到移位寄存器中。移位寄存器是由一列紧密排列的 MOS 电容器阵列组成，它们对光不敏感（光屏蔽了），只接收经转移栅送来的电荷包。阵列上接通严格满足一定相位要求的驱动时钟脉冲电压，以保证信息电荷单向依序传输，把它们逐个移位到输出机构中去，最后送到器件外面。常用的驱动时钟脉冲有二相、三相和四相，目前实用的 CCD 中多采用二相结构。

二相 CCD 传输原理：电荷定向转移是靠势阱的非对称性实现的。在三相 CCD 中依靠时钟脉冲的时序控制来形成非对称势阱。在二相驱动的 CCD 中采用不对称的电极结构加上二相时钟控制的栅极电压来形成不对称势阱，实现电荷的单向运动。

3.6 电荷读出方法

CCD 的信息电荷读出方法有两种，即输出二极管电流法和浮置栅 MOS 放大器电压法。图 2-9-8(a)所示为在线阵列末端衬底上扩散形成输出二极管，当二极管加反向偏置电压时，在 PN 结区产生耗尽层。当信息电荷通过输出栅 OG 转移到二极管耗尽层时，将作为二极管的少数载流子而形成反向电流输出。输出电流的大小与信息电荷大小成正比，并通过负载电阻 R_L 变为信号电压 U_0 输出。

图 2-9-8(b)所示为一种浮置栅 MOS 放大器读取信息电荷的方法。MOS 放大器实际是一个源极跟随器，其栅极由浮置扩散结收集到的信息电荷控制，所以源极输出随信息电荷变化。为了接收下一个"电荷包"的到来，必须将浮置栅的电压恢复到初始状态，故在 MOS 输出管栅极上加一个 MOS 复位管。在复位管栅极上加复位脉冲 φ_R，使复位管开启，将信息电荷抽走，使浮置扩散结复位。

图 2-9-8(c)所示为输出级原理电路，由于采用硅栅工艺制作浮置栅输出管，可使栅极等效电容 C 很小。如果电荷包的电荷为 Q，A 点等效电容为 C，输出电压为 U，A 点的电压变化 $\Delta U = -Q/C$，因而可以得到比较大的输出信号，起到放大器的作用，称为浮置栅 MOS 放大器电压法。

最终通过连接图像采集卡接入电脑，最后在显示屏上呈现采集得到的信息。

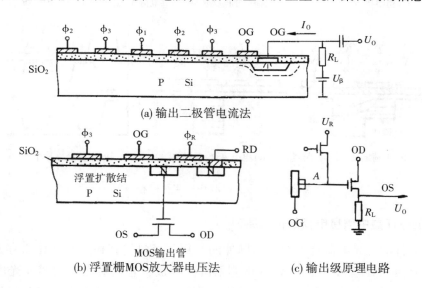

(a) 输出二极管电流法

MOS输出管

(b) 浮置栅MOS放大器电压法

(c) 输出级原理电路

图 2-9-8 电荷读出方法

4　仪器使用

利用 ICCD 拍摄成像物体实验结构图如 2-9-9 所示。

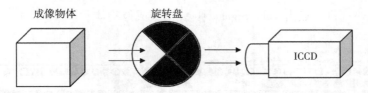

成像物体　　　旋转盘

ICCD

图 2-9-9　实验结构图

首先在实验台上依次摆放成像物体、旋转盘、ICCD 相机，物体与转盘间距 40 cm 左右，转盘与相机间距为 5 cm 左右。保证 ICCD 镜头可以通过旋转盘缺口拍摄到成像物体。ICCD 相机参数设定与拍摄机制相同。

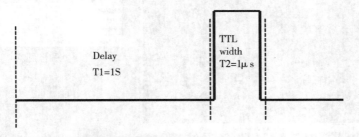

Delay
T1=1S

TTL
width
T2=1μs

注：TTL width：相机曝光时间。(T2=1μs)
　　Delay：　相机拍摄前的延时时间。(T1=1s)

图 2-9-10　相机触发与延时

5　实验内容

（1）将 ICCD 外触发线连接信号发生器 CH1out 接口。安装 ICCD 镜头，检查 ICCD 拍摄系统连接。

（2）打开信号发生器，点击 channel，选择 CH1 频道，选择 Function 中的 pulse 档，选择 frequency 设置 5Khz。选择 Amplitude，继续选择高电平，设置为 4 V；低电平，设置为 0 V。选择 Duty，调节旋钮使占空比等于 1%。选择 CH1 output on。

（3）打开电脑，运行 Andor SOLIS 程序。（图 2-9-11）

（4）左下角设置温度 3℃-on，并等待温度到达设定温度，图 2-9-12。选择 Acquisition-Acquisition setup-real time，Trigger Mode-E2-9ternal，选择 OK。工具栏选取 Run time 📷，TTLwidth 设置为 2 μs，delay 设置为 0μs。点击 Take Signal 📷 开始拍照，手动转动镜头进行对焦，直至拍摄物体清晰可见，点击 Abort Acquisition 暂停拍照。

（5）打开旋转盘，使其匀速运动。

（6）通过调节 Shutter Control 中，TTL width 设置为 2 μs，delay 设置不同时间（1s，1.5s，1.65s，……），点击 Take Signal 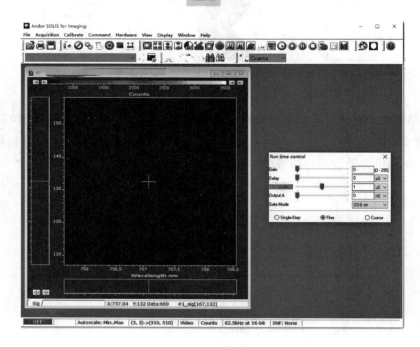 拍摄成像物体。

图 2-9-11　Andor SOLIS 程序界面

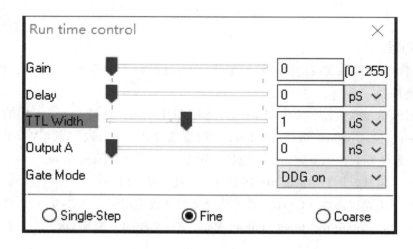

图 2-9-12　Andor SOLIS 程序参数设置界面

找到一个 delay 时刻 $T1$ 可以保证 ICCD 相机可以始终拍摄到成像物体。缓慢增加

delay 时间，找到最近一个可以保证 ICCD 相机可以始终拍摄到成像物体的时刻 $T2$。则 $T2-T1$ 为旋转盘旋转一周所需的时间。

（7）关闭旋转盘、电脑，整理实验台。

思考题

1. 更换不同残缺扇面的圆盘，找到最低 delay 时间。
2. 计算圆盘的旋转速度。
3. ICCD 的使用情况与高速摄像机的区别。

实验 2-10　四探针法测量相变材料的变温电阻曲线

1　实验目的

（1）理解并掌握四探针法测量半导体（金属）材料的原理。

（2）熟练掌握四探针法并测量出材料的电阻曲线。

（3）了解 VO_2 相变的电阻变化特性。

2　实验简介

半导体材料是现代高新技术中的重要材料之一，已在微电子器件和光电子器件中得到了广泛应用。半导体材料的电阻率是半导体材料的一个重要特性，是研究开发与实际生产应用中经常需要测量的物理参数之一，对半导体或金属材料电阻率的测量具有重要的实际意义。

用传统的电阻测量方法，如三电极系统测量 $M\Omega$ 以上电阻、电桥法测量 Ω 至 $K\Omega$ 级电阻，在测量高电导率材料及小电阻器件时无法忽略接触电阻，甚至连导线电阻也无法忽略。而且薄膜材料通常无法裁剪或加工成合适的形状接入电路来进行测量。而四探针法测量电阻时，样品尺寸形状等几何参数对测量结果不产生影响，且可以消除接触电阻对测量精度的影响。

3　实验原理

3.1　四探针法简介

四探针由四根钨丝制成的探针等间距地排成直线或以正方形排列。如图 2-10-1 所示，测量时将针尖压在材料样品的表面上，两根探针通电流 I，两根探针用来测量电压 V。对于不同的材料，其原理也有区别。下面针对半无限大材料与薄膜材料进行分析。

3.2　半无限大材料的测量原理

在一块相对于探针间距可视为半无限大的均匀电阻率

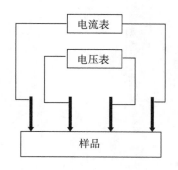

图 2-10-1　四点探针电阻测量原理示意图

的样品（体材料）上，有两个点电流源 1、4。电流由 1 流入，从 4 流出。2、3 是样品上另外两个探针的位置，它们相对于 1、4 两点的距离分别为 r_{12}、r_{42}、r_{13}、r_{43}，如图 2-10-2 所示。在半无穷大的均匀样品上点电流源所产生的电场线具有球面对称性，即等势面为一系列以点电流源为中心的半球面，如图 2-10-3 所示。

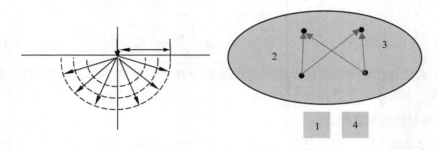

图 2-10-2　四探针测量电阻示意图　　　图 2-10-3　探针示意图

若样品的电阻率为 ρ，样品电流为 I，则在距点电流源 r 处的电流密度 J 为：

$$J = \frac{I}{2\pi r^2} \tag{2-10-1}$$

由电导率 σ 与电流密度的关系可得到这个半球面上的电场强度为：

$$E = \frac{j}{\sigma} = \frac{I}{2\pi r^2 \sigma} = \frac{I\rho}{2\pi r^2} \tag{2-10-2}$$

则距点电源 r 处的电势为：

$$V = \frac{I\rho}{2\pi r} \tag{2-10-3}$$

由图 2-10-3 可知，2、3 两点的电势应为 1、4 两个极性相反的点电流源的矢量和，即：

$$v_2 = \frac{I\rho}{2\pi}\left(\frac{1}{r_{12}} - \frac{1}{r_{42}}\right) \tag{2-10-4}$$

$$v_3 = \frac{I\rho}{2\pi}\left(\frac{1}{r_{13}} - \frac{1}{r_{43}}\right) \tag{2-10-5}$$

因此 2、3 两点间的电势差为：

$$v_{23} = \frac{I\rho}{2\pi}\left(\frac{1}{r_{12}} - \frac{1}{r_{42}} - \frac{1}{r_{13}} + \frac{1}{r_{43}}\right) \tag{2-10-6}$$

这就是四探针法测量电阻率通用公式，而我们用的为直线型排列的四探针，相邻探针间距相等。故

$$r_{12} = r_{43} = s，\quad r_{42} = r_{13} = 2s$$

所以

$$\rho = 2\pi s \frac{V_{23}}{I} \qquad (2\text{-}10\text{-}7)$$

只要样品厚度及边缘与探针的最近距离大于四倍的探针间距，上式就有较高的精度，可视为半无限大样品。当样品不满足半无限大时，就需要引入修正系数 C，引入修正系数 C 后：

$$\rho = C \cdot 2\pi s \frac{V_{23}}{I} \qquad (2\text{-}10\text{-}8)$$

修正系数与样品大小厚度及探针排列方式、探针间距有关，查阅四探针测试平台给出的修正系数表可以得到。

3.3　薄膜材料的测量原理

当样品的横向尺寸为无限大，且厚度 d 又比探针间距 s 小很多时，样品可视为无限薄层样品（薄膜材料）。与半无限大样品分析类似，2、3 两点的电势应为 1、4 两个极性相反的点电流源的矢量和。不同的是，1、4 两个点电流的电场分布在薄层内近似为平面放射状，其等势面近似为圆柱面。因此距点电流源 r 处的电势为：

$$V = -\frac{\rho I}{2\pi d}\ln r \qquad (2\text{-}10\text{-}9)$$

同上面对半无限大样品的分析：

$$V_{23} = -\frac{\rho I}{2\pi d}\ln \frac{r_{42}r_{13}}{r_{43}r_{12}} \qquad (2\text{-}10\text{-}10)$$

代入这样就得到了直线形四探针法测无限薄层样品电阻率的公式：

$$\rho = \frac{2\pi d \dfrac{V_{23}}{I}}{2\ln 2} = \pi d \frac{V_{23}}{\ln 2 \cdot I} \qquad (2\text{-}10\text{-}11)$$

具有一定导电性能的薄膜材料，其沿着平面方向的电荷传输性能一般用方块电阻来表示，对于边长为 l、厚度为 x_j 方形薄膜，其方块电阻可表示为：

$$R = \rho \cdot \frac{l}{s} = \rho \cdot \frac{l}{lx_j} = \frac{\rho}{x_j} \qquad (2\text{-}10\text{-}12)$$

即方块电阻与电阻率 ρ 成正比，与膜层厚度 x_j 成反比，而与正方形边长 l 无关。

代入 ρ：

$$R = \frac{\pi}{\ln 2} \frac{V_{23}}{I} \qquad (2\text{-}10\text{-}13)$$

以此来得到薄膜的方块电阻 R，同样当样品不满足无限薄层条件时，也需引入相应的修正系数。

3.4　VO_2 薄膜材料介绍与改进四探针测量平台

VO_2 是一种具有相变性质的金属氧化物，其相变温度为 68℃，相变前为单斜相是绝缘态，相变后为立方相，处于金属态，相变前后结构的变化导致对红外光由透射向反射的可逆转变，人们根据这一特性将其应用于制备智能控温薄膜领域。由于其优异的导电性能，也同时应用于电子器件。因而，测量 VO_2 薄膜的方块电阻具有重要的意义。但是 VO_2 在相变前后的电阻差异巨大，在室温时其电阻能达到 $M\Omega$ 级，而在相变后，只有几十 Ω。因此需要选择合适的测量方法。

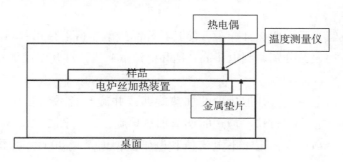

图 2-10-4　四探针测试平台

　　一般的四探针测量平台都只能测量常温下以及温度相对稳定的方块电阻，对于温度连续变化或不同温度下半导体材料的方块电阻、电阻率以及一些热致相变材料的方块电阻随温度的变化曲线无法测试。为了能测量出 VO_2 样品的电阻变温曲线，在传统的四探针测试平台的基础上，我们增加了加热装置，以实现对材料的变温测量，并且为了增加测量电路的稳定性，提高灵敏度，在电路中加入了 MC1403 精密低压基准电源和 OP07 双极型运算放大器。

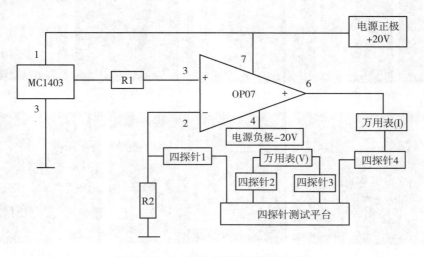

图 2-10-5　改进的四探针测量电路

4　实验内容

　　（1）按照电路图搭好实验电路，电路板上端接口从左往右分别对应 OP07 双极型运算放大器的 2、6、7、4 引脚，由原四探针测试平台引出的四根线分别对应探针 1、2、3、4（线上有标签注明）。（图 2-10-6（a）、（b））

（2）用镊子夹取样品，将样品置于加热炉上，并固定好。将温度传感器与样品接触。（图 2-10-6（c））

（3）将提前剪好的滤纸盖在加热炉上，并将加热炉转移至四探针平台。（图 2-10-6（d））

（4）转动旋钮，降下四探针探头，使其与样品接触。（图 2-10-6（e））

（5）打开万用表，分别调到电压 mV 档和电流 μA 档，打开温度测量表。（图 2-10-6（f））

（6）打开恒压电源，打开加热炉的加热旋钮，并旋至合适的挡位，使样品以合适的速率升温（为防止升温过快，应适时调节加热炉旋钮）。（图 2-10-6（g）、（h））

（7）样品每升高一度，记录下电流值和电压值，记录至 80℃。并将数据记录在表格中。

（8）关闭加热，使样品自然降温。样品每下降一度，记录下电流值和电压值，记录至室温。并将数据记录在表格中。

改进的四探针测量电路如图 2-10-6 所示。

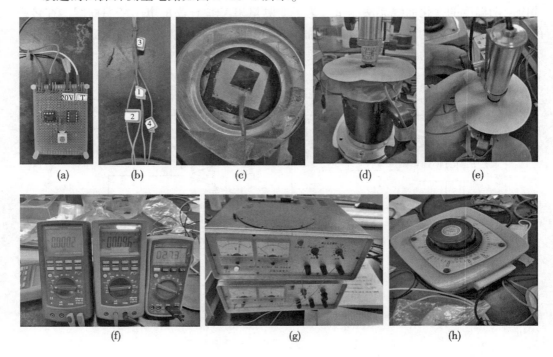

（a）　　　（b）　　　（c）　　　（d）　　　（e）

（f）　　　　　　　（g）　　　　　　　（h）

图 2-10-6　改进的四探针测量电路实操

5　实验仪器

　　万用表，四探针测试平台（包括电炉丝加热装置），温度测量仪，YJ-44 稳压电源，VO_2 样品，滤纸。

6　实验数据处理

6.1　数据记录表格

温度	升温电压 /mV	升温电流 /μA	降温电压 /mV	降温电流 /μA	升温电阻 /Ω	降温电阻 /Ω	升数	降数	升导	降导
27										——
28										
……										
74										
75										——

　　升温（降温）电阻：$R = \dfrac{V}{I} \times 4.3882$（4.3882 为 VO_2 样品的四探针修正系数）

　　升（降）数：即升温（降温）电阻的数量级 $b = \log_{10}(R)$

　　升（降）导：即升温（降温）过程中，每升（降）一度，升（降）数的差值。

6.2　数据处理

（1）通过记录的数据，计算出升（降）温电阻、升（降）数、升（降）导。

（2）通过计算得到的升（降）数，做出升（降）数随温度变化的曲线。

例：

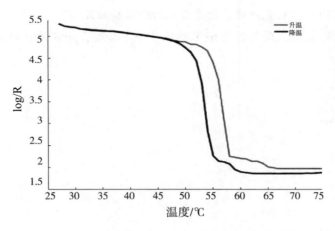

（3）通过计算得到的升（降）数，做出升（降）导随温度变化的曲线。

例：

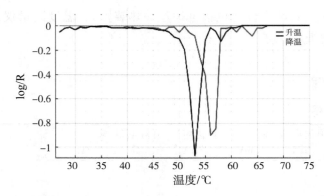

通过得到的升（降）数变化曲线，可以直观的看到 VO_2 在相变前后电阻有 4 个数量级的变化，而通过升（降）导随温度的变化曲线，可以知道 VO_2 薄膜相变的温度。

7　注意事项

（1）加热炉加热到较高温度时，请勿用手触摸样品，以防烫伤。

（2）样品薄膜厚度较薄，夹取样品时小心轻取轻放，请勿划伤样品表面。

思考题

1. 四探针法消除了接触电阻和导线电阻的影响，还有哪些因素会对实验的结果产生影响。

2. 为了使实验的结果更精确，你是否能对实验提出改进。

3. 实验得到的相变温度是否与 68℃ 接近，若不接近，导致差异的原因有哪些。

实验 2-11　薄膜厚度和形貌测量

1　实验简介

　　半导体工艺中需要生长纳米厚度的薄膜，并在薄膜上制备线宽为数纳米至数微米的微结构。测量和表征薄膜厚度和微结构线宽等参数是半导体微纳工艺的重要步骤。这方面的测量需要膜厚仪。常见的膜厚仪包括以光学干涉原理进行测量的光学膜厚仪，也包括以探针接触方式的探针台阶仪。前者是非接触式的，不会对样品表面造成损伤，往往是膜厚测量的首选。而探针台阶仪则依靠探针在材料表面接触扫描，从而获得表面形貌信息。其基本原理是：将一个对微弱力极敏感的微悬臂一端固定，另一端有一曲率半径很小的针尖，针尖与样品表面轻轻接触，由于针尖尖端原子与样品表面原子间存在极微弱的排斥力，通过在扫描时控制这种力的恒定，带有针尖的微悬臂将对应于针尖与样品表面原子间作用力的等位面而在垂直于样品的表面方向起伏运动。通过该测试，可以得到探针移动路径上样品的表面起伏数据，从而分析出样品的表面粗糙度、翘曲程度等信息。设备广泛应用于：触摸屏、半导体、太阳能、超高亮度发光二极管（LED）、医学、材料科学、高校、研究所、微电子、金属等行业实现纳米级表面形貌测量。

2　实验目的

　　（1）熟悉 Ambios XP-200 台阶仪的使用，运用 XP-200 台阶仪进行薄膜厚度等参数测量；

　　（2）熟悉薄膜厚度与沟槽深度测量方法以及对具体参数的分析方法，加深对半导体工艺的了解。

3　实验原理

　　台阶膜厚仪的测量原理是：当触针沿被测样品表面轻轻滑过时，由于表面有微小的峰谷使触针在滑行的同时，还沿峰谷作上下运动。触针的运动情况就反映了表面轮廓的情况。传感器输出的电信号经测量电桥后，输出与触针偏离平衡位置的位移成正比的调幅信号。经放大与相敏整流后，可将位移信号从调幅信号中解调出来，得到放大了的与触针位移成正比的缓慢变化信号。再经噪音滤波器、波度滤波器进一步滤去调制频率与外界干扰信号以及波度等因素对粗糙度测量的影响。

根据使用传感器的不同，接触式台阶测量可以分为电容式（图 2-11-1）、压电式和光电式（图 2-11-2）3 种。电容式采用电容位移传感器作为敏感元件，测量精度高、信噪比高，但电路处理复杂；压电式的位移敏感元件为压电晶体，其灵敏度高、结构简单，但传感器低频响应不好、且容易漏电造成测量误差；光电式属于一种较为新型的测量仪形式，是利用电元件接收透过狭缝的光通量变化来检测位移量的变化。

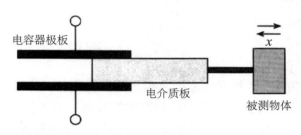

图 2-11-1　电容传感器结构示意图

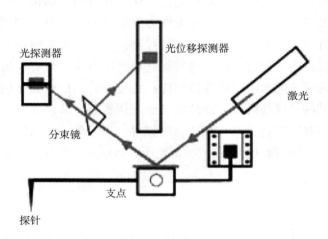

图 2-11-2　光学杠杆传感器示意图

台阶仪也有其难以克服的缺点：

（1）由于测头与测件相接触造成的测头变形和磨损，使仪器在使用一段时间后测量精度下降；

（2）测头为了保证耐磨性和刚性而不能做得非常细小尖锐，如果测头头部曲率半径大于被测表面上微观凹坑的半径必然造成该处测量数据的偏差；

（3）为使测头不至于很快磨损，测头的硬度一般都很高，因此不适于精密零件及软质表面的测量。

4　实验内容

4.1　预备工作

（1）检查台阶仪状况，确保台阶仪处于可工作状态，且在测量前 20 分钟打开仪器；开启计算机系统。

（2）检查样品状态：常见样品包括光刻胶和半导体薄膜等，确保薄膜处于干燥状态，杜绝测量时样品残留在探针或平台上，造成仪器污染。通常，为测量沉积薄膜的厚度，我们进行镀膜之前用切面较齐的压片遮挡住基底的一部分，形成"台阶"。

（3）测量人员应该经过专门培训，否则不能操作仪器进行测量。样品台阶高度不能大于 100 μm，否则将造成探针损失。如果存在损失仪器可能，应该避免测量，否则应承担一切损失并不得再次使用台阶仪。

4.2　测量过程

4.2.1　启动系统（摆针的操作界面如图 2-11-3 所示。）

（1）双击 windows 桌面 XP-Plus 应用的图标；但软件弹出"Home the System"的对话框时，点击 yes。系统将归位，准备测量。

（2）但系统弹出"Homing is complete"的对话框时，点击 OK 继续。

（3）系统已经处于待机状态。

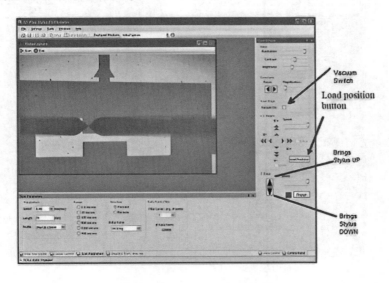

图 2-11-3　探针移动操作界面

4.2.2　装载样品

（1）打开仪器保护罩，用镊子在样品台上放置样品。

（2）利用控制平台上 X-Y 控制区，将样品台沿着 Y+ 方向移动，通过目视使样品移动到探针下方。

（3）利用 X-Y 控制台细调样品的位置。

（4）关闭仪器保护罩。

4.2.3 样品定位

（1）用电机移动样品至摄像头取景区内。

（2）用 Z 控制键降低探针位置，可以发现探针和样品都出现在屏幕中。

（3）避免探针和样品表面接触。

（4）再次利用 X-Y 细调探针位置，使探针处于待测区域上方。

4.2.4 扫描样品形貌

（1）选择合适的扫描参数。

（2）点击 Scan 按钮。

（3）实时图像将显示扫描过程。

（4）但扫描结束时，探针会抬起，离开表面；稍后将显示扫描数据。

4.2.5 读取形貌

但扫描结束后，薄膜形貌将以曲线结果展示。（如图 2-11-4 所示）

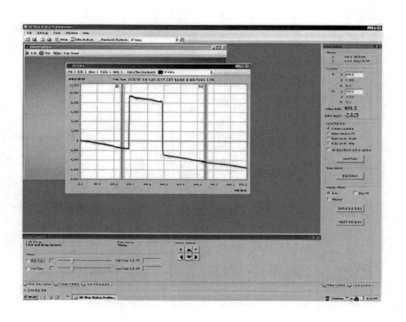

图 2-11-4　测量界面

图像中有两个主要的标尺，参考（R）和测量（M）标尺。将 R 和 M 标尺移动到需要的位置，通过软件点击"Level data"可以将曲线按照 R 和 M 标尺的位置进行水平校正，注意，R 和 M 光标都可以在平均模式下设置，其高度位置将根据光标扩展宽度计算。（如图 2-11-5 所示）

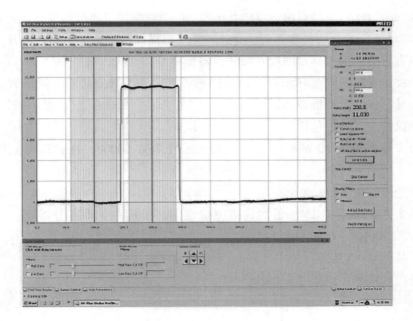

图 2-11-5　水平校正后的测量界面

4.3　退出样品并结束实验

（1）确保探针远离样品。

（2）从 Tools 菜单中选择"Home the system"。

（3）打开保护罩。

（4）用镊子取出样品。

（5）关闭保护罩。

（6）关闭计算机和台阶仪的电源。

5　实验仪器

Ambios XP 200 台阶仪，干燥、无挥发性薄膜样品。

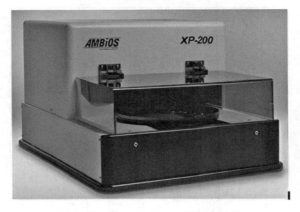

图 2-11-6　Ambios XP 200 台阶仪

　　Ambios XP-200 台阶仪是由计算机系统和 XP-200 测试仪通过软件平台连接的。计算机系统以 Windows XP 为操作系统，专业软件使扫描样品实现了精确化，并为数据分析提供了强有力的辅助工具。图形界面使仪器操作变得十分友好。如图 2-11-6 所示，测试仪包括放置样品的圆盘和测量探针及传感器等，并配套安装有升降装置。为了防尘和安全起见，仪器由有机玻璃罩保护。

　　该台阶仪的主要参数包括：

　　（1）最大扫描长度 50 mm（线性），最大采样点数 60000，探针压力范围 0.05 ~ 10 mg。

　　（2）彩色摄像头带自动变焦 。

　　（3）最大样品厚度 1.25″，最大垂直测量范围：400 μm，垂直分辨率：1 nm@ 10 μm，1.5 nm@ 100μm，6.2 nm@ 400μm 。

　　（4）样品运动 XY 范围 150×150mm（马达驱动）。

　　（5）横向分辨率：0.08 ~ 13.1 μm。

思考题

　　1. 对于边缘有薄膜堆积的样品，能否直接测量？如果不能该如何处理？

　　2. 测量时探针的扫描力度该如何设置？是否要考虑样品所用衬底的软硬程度？

　　3. 如果测量时发现误差过大，该如何操作？

第三章　工艺基础及应用

实验 3-1 表面波等离子体放电实验

1 实验简介

自从 1928 年朗缪尔（Irving Langmuir）在论文中提出并将电离气体命名为"等离子体"（plasma）以来，等离子体科学成为物理学的一个新的分支。作为物质的第四种状态，等离子体具有许多独特的性质，因此能在各个领域得以应用。将其简单地分类，可以根据等离子体所处的热力学平衡状态，将其分为完全热力学平衡等离子体（高温等离子体）、局部热力学平衡等离子体（热等离子体）和非热力学平衡等离子体（低温等离子体）。在应用上，高温等离子体应用主要集中在能源领域，如聚变方面的研究；热等离子体在环境、材料等方面应用较为广泛；低温等离子体由于其具有高电子能量并且较低的离子、气体温度的非平衡特性，一方面因为电子能量足够高从而使其具有高的物理、化学活性，另一方面在整个体系又能保证较低的温度，低温等离子体在化学反应及材料表面改性等方面有着广泛的应用。本实验内容属于低气压低温等离子体领域。

通常来讲，在等离子体技术应用上，我们希望的等离子体发生装置是能够在合适的气压下产生大面积、均匀的高密度等离子体。考虑在低气压下，要产生高密度等离子体，通常使用的是直流、高频、微波放电的方法。因为直流放电方法需要内置电极，并且需要较高的放电气压，不易产生高密度等离子体，实际上电磁激励方法产生等离子体是目前的主流。而电磁激励方法主要有电子回旋共振（electron cyclotron resonance，ECR）等离子体、螺旋波（helicon wave）等离子体、射频（radio frequency，RF）耦合等离子体和表面波（surface wave，SW）等离子体。

2 实验原理

2.1 电磁激励生成等离子体

电磁激励方法产生等离子体的原理是由天线（电极）从外部得到功率，通过电磁场对电子的加速作用来维持等离子体的。简单来讲，天线在真空中其周围的电磁场可以分为三个不同的组分，分别为电磁波、感应电场、静电场。如图 3-1-1 所示电流 $Ie^{i\varepsilon t}$ 沿着 z 轴流动的微小长度 dz 的天线，其中心为原点的球坐标 (r, θ, φ) 下，周围的电

场 θ 方向振幅为：

$$E_{\theta} = A \left\{ -\frac{1}{kr} + \frac{1}{(kr)^2} + \frac{1}{(kr)^3} \right\} \frac{Idz}{4\pi} \sin\theta e^{-ikr} \qquad (3-1-1)$$

式 3-1-1 中，$A = k^2 \sqrt{\dfrac{\mu_0}{\varepsilon_0}}$，波数 $k = \dfrac{\omega}{c}$，光速 $c = \dfrac{1}{\sqrt{\mu_0 \varepsilon_0}}$。式 3-1-1 中，右边括号中的三项相对于离开天线的距离 r 按三种比例减小，在远离天线的地方，r^{-1} 项强于其他项，表示的是电磁波。而在接近天线的地方 r^{-2} 项（时变磁场产生的感生电场）和 r^{-3} 项（电荷感应产生的静电场）占优势。而这三项对于角频率分别于 ω^{-1}、ω^{-1} 和 ω^{-1} 成正比变化，所以随着频率的增加，感应电场比静电场更有优势，而当频率进入微波波段，电磁波成分占主导。

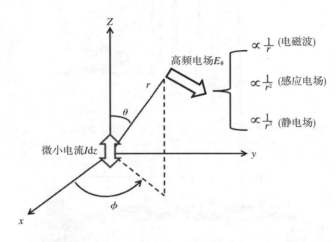

图 3-1-1　天线周围的三种电场

2.2　表面波等离子体

1959 年，Trivelpiece 发现了表面波现象，随后在 20 世纪 70 年代，出现了使用表面波加热维持的等离子体装置。最初的表面波装置是将微波直接施加到介质管上，在管壁的轴向上激发出表面波从而维持等离子体，其结构和图 3-1-2 中的结构类似，但是这种结构下，等离子体的尺寸受到了极大的制约，等离子体只能产生于管内壁的表面，而介质管的尺寸又与微波波导的尺寸关联的，因此只能形成狭长状的等离子体，应用受到了很大的制约。

由于表面波能够在介质、等离子体交界面上传播的特性，许多科研人员希望利用表面波放电的原理进行大面积等离子体的激发，随着近年研究的深入，一系列基于表面波放电的大面积等离子体装置得以开发并投入应用，如图 3-1-3 所示的表面波等离子体设备。图 3-1-3 中的等离子体源基于表面波激发的原理，使用 2.45 GHz 微波驱动、石英作为电介质。典型的表面波放电能够在相对较大的气压范围内（几 Pa 到几百

Pa）激发大面积（半径 20 cm 左右）高密度（$10^{17} \sim 10^{18} \mathrm{cm}^{-3}$）的等离子体，电子温度一般在几个电子伏。目前主流表面波等离子体源都是使用 2.45 GHz 微波。

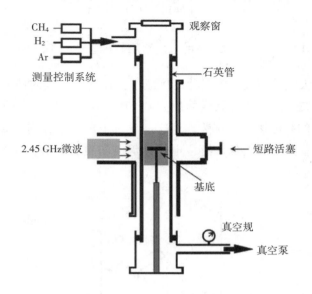

图 3-1-2　圆柱状表面波等离子体装置

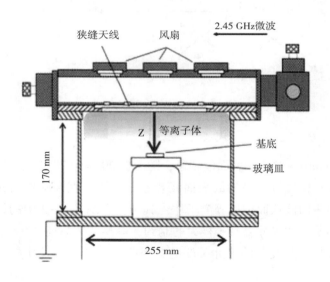

图 3-1-3　平面表面波等离子体装置

2.3　表面波模型及色散关系（选读）

这里我们采取简单的二维模型来进行分析。如图 3-1-4 所示直角坐标系。

我们取两种物质的界面处为 $z = 0$，物质（金属、介质、等离子体）在 x 方向上是无限延伸的，其相对介电常数分别是 ε_d（介质）、ε_m（金属）和 ε_p（等离子体），将波

数 k 正交分解，可得到金属的色散关系：

$$k_x^2 + k_z^2 = k_0^2 \varepsilon_m$$

是根据 Drude 模型给出的金属相对等效介电常数：

$$\varepsilon_m = 1 - \frac{\omega_p^2}{\omega(\omega + i\Gamma)}$$

其值随频率变化，Γ 是衰减率。该式与等离子体等效介电常数具有相同的形式。

一般情况下金属的相对介电常数是负值，因此在式中左侧部分亦为负值。我们可以设波沿 x 方向上传播，即有 $k_x^2 > 0$，可以设 $k_z^2 = -\alpha^2$（α 为实数），这样就有 $e^{ik_z z} = e^{\alpha z}$，波在 z 方向上是指数衰减的，类似等离子体趋肤深度的计算。

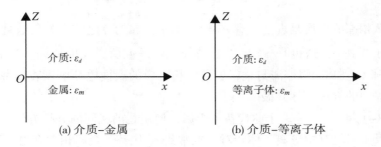

(a) 介质–金属   (b) 介质–等离子体

图 3-1-4 简化二维 SPPs 结构

根据 $z=0$ 处的边界条件的连续性，则金属与介质相界面上表面波电场的 分量具有以下形式的解：

金属内部（$z<0$）：$E_z = A\sin(k_x x)\,e^{\alpha z}$

介质内部（$z>0$）：$E_z = B\sin(k_x x)\,e^{-\beta z}$

其中 A、B 为常数，介质内 $k_z = i\beta$，有如下的色散关系：

$$k_x^2 - \beta^2 = \frac{\omega^2}{c^2}\varepsilon_d$$

应用麦克斯韦方程计算 y 方向上的磁场

$$A \times \vec{H} = \frac{\partial \vec{D}}{\partial t}$$

在界面处有连续性条件

$$\frac{\alpha}{\beta} = -\frac{\varepsilon_m}{\varepsilon_d}$$

联系以上公式可以得到表面等离子体激元的色散关系：

$$k_{SPP} = k_x = \frac{\omega}{c}\sqrt{\frac{\varepsilon_m \varepsilon_d}{\varepsilon_m + \varepsilon_d}}$$

SPPs 出现时，其电磁场中的电场在界面法相不连续，导致了界面表面电荷密度的出现：

介质内部（$z>0$）：$E_{1z}\left(0^{+}\right)=-\dfrac{k_{spp}}{k_0\varepsilon_0\varepsilon_d}H_0e^{ik_{spp}x}$

金属内部（$z<0$）：$E_{2z}\left(0^{-}\right)=-\dfrac{k_{spp}}{k_0\varepsilon_0\varepsilon_m}H_0e^{ik_{spp}x}$

此时有表面电荷密度：

$$\rho(x)=\varepsilon_0\left(E_{1z}-E_{2z}\right)_{z=0}=\dfrac{\varepsilon_d-\varepsilon_m}{\sqrt{\varepsilon_d\varepsilon_m\left(\varepsilon_d+\varepsilon_m\right)}}H_0e^{ik_{spp}x}$$

由指数项可以看到沿 x 方向传播的电荷波的存在，其传播速度为

$$v_{spp}=\dfrac{\omega}{k_{spp}}=c\sqrt{\dfrac{\varepsilon_m+\varepsilon_d}{\varepsilon_m\varepsilon_d}}=c\sqrt{\dfrac{1}{\varepsilon_m}+\dfrac{1}{\varepsilon_d}}$$

如果金属相邻的介质是真空，有 $\varepsilon_d=1$，如果金属的介电常数为负数且不为 -1，则其速度将小于光速 c，这也是 SPPs 不能被外来电磁波所激发的原因。当 $\varepsilon_m\rightarrow-1$，则 SPPs 速度趋于 0，SPPs 将停滞与金属表面，相对应的表面电荷密度将发散，该现象即对应于下面提到的等离子体共振。

考虑图 3-1-4（b），等离子体代替了金属，使用之前相同的分析方法，我们可以得到类似的结果，只是其中等离子体相对介电常数 ε_p 代替了金属相对介电常数 ε_m，即以下的色散关系：

$$k_{SPP}=\dfrac{\omega}{c}\sqrt{\dfrac{\varepsilon_p\varepsilon_d}{\varepsilon_p+\varepsilon_d}}$$

故得到：

$$k_{SPP}=\dfrac{\omega}{c}\sqrt{\dfrac{\varepsilon_d\left(\omega_p^2+\omega^2\right)}{\omega_p^2-\left(1+\varepsilon_d\right)\omega^2}}$$

式中可以发现，当根号内分母为零时，即 $\omega_p=\left(1+\varepsilon_d\right)\omega$ 时，有波矢趋于无穷，即会出现等离子体激元共振。考虑到等离子体回旋频率与其电子密度的关系，只有等离子体密度高于一定数值时，才能够满足等离子体表面激元的传播。

3　实验内容

（1）使用微波表面波等离子体设备进行等离子体放电测试。

（2）使用静电探针对等离子体电子温度、电子密度进行测量。

4　实验仪器

微波等离子体源系统（包含微波系统、真空系统、气路系统等）（如图 3-1-5），静电探针系统。

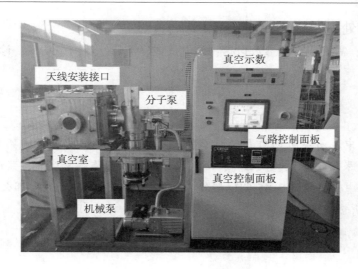

图 3-1-5　实验装置图

5　实验指导

5.1　实验重点

（1）了解微波波导系统的传输机制及狭缝天线输入原理。

（2）了解真空系统的工作原理。

（3）掌握使用表面波等离子体设备的操作方法。

（4）学习相关的实验安全事项。

5.2　实验步骤

因为涉及到使用较大功率的电源，高压气体以及微波存在辐射，因此在操作设备进行放电实验前，需要教师指导相关的安全须知。在实验中，操作应要严格按照以下步骤进行：

（1）检查设备安装情况，确保各阀门闭合，电源关闭，接地良好，连接部分无微波泄露（教师定期检查）。

（2）反应腔完全封闭的情况下，打开机械泵预抽真空，至气压计度数稳定至本底气压（约几分钟）。

（3）打开水冷循环系统，同时打开微波源进行预热。

（4）通过控制气路系统，调整反应室内部气体成分和气压至需要的状态（本实验使用氩气，调整气压至 10Pa 左右）。

（5）打开微波源，设定模式为连续模式，调整功率至 300W，同时通过调谐系统调整耦合匹配至气体放电发生，之后继续调谐至反射功率降至最低。

（6）维持正常放电，使用探针进行等离子体诊断。

（7）实验结束，按照顺序依次关闭微波源，气路系统，水冷系统等。

实验必须由指导教师在的情况下进行，确保实验过程安全、顺利。

6　实验数据处理

自拟表格，需要记录的参数包括：放电气体、流量、压力、功率、诊断参数等。

思考题

1. 本实验中，石英板的作用是什么？是否可以直接使用普通玻璃或聚四氟乙烯（$\varepsilon_d = 2.7$）？如果使用了聚四氟乙烯，那么表面波激励的临界密度如何变化？

2. 本实验中使用的是 2.45 GHz 微波，如果使用 915 MHz 的波，那么实验装置有何变化？相应的等离子体参数呢？

实验 3-2　脉冲放电等离子体特性实验

1　实验简介

　　大气压非平衡态等离子体不需要真空环境就能产生的可控高密度等离子体，所以有着广泛的工业应用，相比于需要高真空度的低压等离子体被大量运用在高尖端领域中，如半导体行业、新能源产业等，常压介质阻挡放电更适合应用在大批量、连续化生产的方向，包括工业臭氧发生装置、聚合物的表面改性、污染处理等，目前最新的应用热点有大面积平板等离子体电视和生物医学方面的应用。继西门子于 1857 年使用介质阻挡放电将空气合成臭氧之后，利用臭氧进行消毒是介质阻挡放电最早，也是最基础的工业应用，已经有超过一百年的历史。即使到了二十一世纪，大型的介质阻挡放电臭氧发生装置仍然应用于水质的消毒处理。

2　实验原理

　　等离子体根据其物理性质，可以分为高温等离子体与低温等离子体。其中高温等离子体是完全电离的，气体温度高（$T_g > 10^4$ K），如太阳等恒星和原子弹、氢弹爆炸产生的等离子体。目前受控核聚变所产生的高温等离子体成为国际上关注的热点，有望解决人类的能源危机。低温等离子体是部分电离的，气体温度低（$T_g < 10^4$ K）。低温等离子体又分为热等离子体、燃烧等离子体与非平衡等离子体三种。热等离子体的特点是放电电场强度很低（大约 10 V/cm），且与气体压强的比值也较低，电子的温度接近于原子、离子等重粒子温度（如弧光放电），主要应用于焊接、切割、喷涂、金属的熔化、乙炔生产、超细超纯材料及合成材料的制备等方面。燃烧等离子体的特点是等离子体的电离度很低，为了提高燃烧等离子体的电离度通常还要添加一些易电离的物质。燃烧等离子体主要应用于磁流体发电领域。非平衡态等离子体中电子和离子温度相差很大，电子温度很高，离子温度很低（一般小于 10^3 K，低的可以接近室温），这就是"非平衡态"名称的由来。目前低温等离子体主要是由气体放电产生的，通过电磁场、辐射等方法使电子从气体原子或分子脱离而形成的气体媒质称为电离气体。根据工作气体压力的不同，非平衡等离子体又分为低气压非平衡态等离子体与常压非平衡态等离子体两类。

2.1 介质阻挡放电的产生机理与优势

介质阻挡放电（Dielectric Barrier Discharge，DBD），历史上又称为无声放电。其特点在于是把绝缘介质插入连接交流电源的两个电极之间的一种气体放电。典型的介质阻挡放电的间隙结构如图 3-2-1 所示。

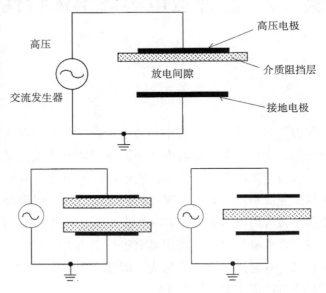

图 3-2-1　典型的介质阻挡放电装置图

这样，电流路径上除了放电间隙外，在电极间还要经过一个或多个绝缘介质。介质可以覆盖在电极上或是悬挂在放电空间中，这样，当放电电极上施加足够高的交流电压时，极板间的气体，即使在很高气压下也会发生气体击穿，形成介质阻挡放电。其中，单介质阻挡的装置结构的优点在于可以通过金属裸电极将放电空间的热量及时耗散掉，防止温度过高，其缺点在于裸露的电极在长时间放电后，由于高能粒子的轰击导致的物理溅射会造成对放电区域的污染，并且金属电极直接暴露在等离子体空间内，会形成二次电子发射，一定程度上影响放电状态的稳定性。双介质阻挡放电是使用得比较多的一种介质阻挡放电结构，其特点在于容性耦合的电极均被绝缘介质从放电区域隔离，避免了等离子体与金属的直接接触，放电的稳定性更高，但是缺点在于由于有两层介质阻挡，需要击穿气体的外加电压更高。第三种结构比较特殊，由单层介质将放电区域分成两个部分，可以在两边产生两种状态不同的等离子体。介质阻挡放电的结构可以是使用最多的平板—平板，也可以是同轴圆柱形、针—平板、针—针、线—平板、线—线结构等。

如果在半个放电周期内产生数个不稳定的随机放电脉冲，则称为介质阻挡丝状放电，其电流电压特性曲线如图 3-2-2 所示。

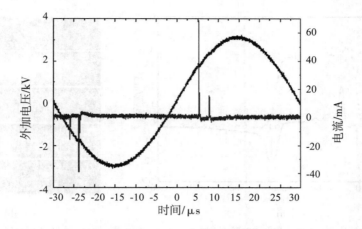

图 3-2-2 典型的介质阻挡放电多脉冲电流电压波形曲线

如果在半个放电周期中仅出现一次放电脉冲，则称为介质阻挡辉光放电，其电流电压特性曲线如图 3-2-3 所示。

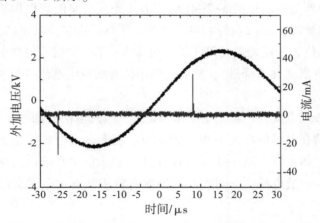

图 3-2-3 典型的介质阻挡放电单脉冲电流电压波形曲线

在电极间放置介质阻挡层可以防止在放电空间形成局部火花放电或弧光放电，而且能够形成大气压下稳定的气体放电。之所以历史上叫做无声放电，是因为它不像空气中的火花放电那样发出巨大的击穿声音。

2.2 常压脉冲介质阻挡放电的电学特性

典型的常压脉冲介质阻挡放电的电压电流波形和放电演化形貌图如图 3-2-4 所示。本实验中所用的脉冲发生器所产生的脉冲电压上升沿与下降沿约为 40 ns，半高宽大小作为脉冲电压的脉宽，在图 3-2-4 中约为 200 ns。从图上可以看到，脉冲电压平均值为 2.7 kV，在电压的上升沿附近和下降沿附近分别有一个电流峰值，方向相反。两个电流峰的半高宽分别为 17 ns 和 36 ns，小于电压脉宽。

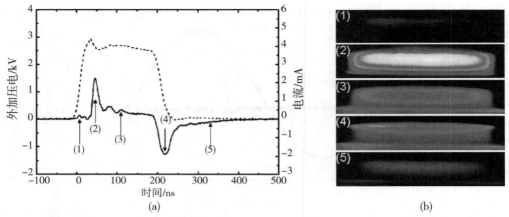

(a) 外加电压波形（虚线）和电流波形（实线），(b) 为(a)图中箭头所指的五个不同时刻放电形貌图，曝光时间均为5ns

图 3-2-4　电压电流波形和放电演化形貌图

图 3-2-4(b)所显示的是图 3-2-4(a)中五个不同时刻的放电形貌图，曝光时间为 5 ns。从图上可以看出，在(2)和(4)的位置发生了气体击穿，其中(2)位置的击穿后的发光强度要比(4)位置的发光强度大许多，这意味着第一次的放电强度（上升沿）要远大于第二次的放电强度（下降沿），然而这两个位置的放电电流峰值相差却不大，分别为 2.2 A 和 1.9 A。

放电强度与放电电流的差异，主要原因是第一次放电由外加电压导致的气体击穿，击穿后的空间电荷在电场的作用下积累到介质层表面，当电压处于下降沿时，这些电荷形成了第二次气体击穿。图 3-2-4(b)中的(3)显示的是在两次击穿之间的放电形貌图，可以发现第一次放电后，空间残余的激发态粒子和自由电子会以种子电子的形式辅助第二次放电。

比较(2)、(4)两次击穿的放电形貌图的空间均匀性可以发现，第一次气体击穿的光强空间均匀性比较好，而第二次击穿的光强主要集中在上下极板的表面，这意味着前后两次放电击穿有着不同的放电动力学。

介质阻挡放电的优势在于能够在很高的气压和很宽的频率范围内工作，通常放电空间的气体压强可达一个大气压或是更高。目前常用的工作条件是气压为 $10^4 \sim 10^6$ Pa，频率范围低至数赫兹，高至数十兆赫兹。放电间隔可以从 0.1 mm 至 100 mm，外加电压为数百至上万伏，各种绝缘材料用来做阻挡介质，典型的材料包括玻璃、石英、陶瓷、搪瓷以及各种聚合物薄膜。这种放电类型的主要优点是：大气压气体中生成非平衡态等离子体条件在经济上和可行性上都是能够实现的。

3　实验内容

（1）采用 AC 和脉冲介质阻挡放电，采集放电的电流电压曲线，比较其不同。

（2）采集氩气 AC 和脉冲介质阻挡放电发射光谱，分析特征谱线的位置与放电强度的关系。

（3）调整脉冲介质阻挡放电脉宽及放电电压数值，采集并比较放电电流电压曲线。

4 实验仪器

介质阻挡放电系统、千赫兹交流电源，脉冲电源、电流探头（Pearson 2877）、电压探头（Tektronix P6015A）、数字示波器（Tektronix TDS 3034C）、发射光谱仪、数字流量计等。

5 实验指导

5.1 实验重点

（1）了解介质阻挡放电原理。

（2）掌握使用数字示波器、千赫兹电源、发射光谱仪的操作方法。

（3）学习相关的实验安全事项。

5.2 实验步骤

因为涉及到使用较大功率的电源以及气体，因此在操作设备进行放电实验前，需要教师指导相关的安全须知。在实验中，操作应要严格按照以下步骤进行：

（1）检查设备安装情况，确保电源关闭、电路连接正确、接地良好。（教师定期检查）。

（2）打开气体钢瓶，设置流量计示数，输出稳定气流 1.5 SLM，通气 5min。

（3）打开电源，设定模式，调整电压，观察示波器与介质阻挡放电腔，观察放电启辉情况，注意放电颜色及放电的稳定性。

（4）维持正常放电，使用电流电压探头及发射光谱进行等离子体诊断，采集结果。

（5）实验结束，按照顺序依次关闭电源，气路系统，水冷系统等。

实验必须有指导教师在的情况下进行，确保实验过程安全、顺利。

6 实验数据处理

自拟表格，记录实验数据，画图分析等。

思考题

1. 本实验中，介质板的作用？如果去掉介质板会如何？

2. 如果在放电电路中加入电容或者电阻，会对整个放电产生怎么样的影响？

实验 3-3 低气压容性耦合等离子体特性实验

1 实验简介

单频容性耦合等离子体（Single-Frequency Capacitively Coupled Plasma，SF-CCP）源最初被应用于第一代等离子体刻蚀机，主要进行反应性离子刻蚀。双频容性耦合等离子体（Dual-Frequency Capacitively Coupled Plasma，DF-CCP）源采用一个高频电源和一个低频电源共同驱动等离子体放电。当高、低频源的频率相差足够大（一般认为频率比大于 10）且低频电压远大于高频电压时，才有可能实现这种独立控制，即高频电源主要控制等离子体密度和离子通量，低频电源主要控制鞘层电压和离子轰击能量。

2 实验目的

（1）了解容性耦合等离子体（CCP）的基本性质，掌握其产生方法。

（2）了解 SF-CCP 和 DF-CCP 各自的特点。

（3）掌握测量 SF-CCP 和 DF-CCP 中的电子温度和密度的基本方法。

3 实验原理

单频容性放电的装置如图 3-3-1 所示，通常由一对平行的金属电极和一个真空腔体组成，其中一个电极接地，另一个电极由射频电源驱动。在功率电极上施加交流射频偏压，电极附近将会产生准静电场。反应腔体内的初始电子在射频电场的作用下加速并获得能量，轰击气体使其电离，产生更多的电子、离子以及活性基团粒子，从而形成动态平衡的低温等离子体。典型的放电参数如下：电源频率为 13.56 MHz，工作气压为 1.33~133.00 Pa，电极间距为 2~10 cm。产生的等离子体密度一般为 10^9 ~ 10^{11} cm^{-3}，电子温度在 3 eV 左右。

对于 CCP 放电，射频电源主要通过两种方式将能量耦合给等离子体，即碰撞加热（欧姆加热）和无碰撞加热（随机加热）。碰撞加热主要发生在等离子体区，体区中的电子在射频电场的作用下获得能量，再通过碰撞的方式将能量转移给背景气体中的中性原子或分子，从而实现对等离子体的加热，这种通过电子—中性粒子碰撞将射频电源能量耦合给等离子体的加热方式也被称为欧姆加热。无碰撞加热发生在等离子体—

鞘层边界附近，当射频鞘层以一定的速度向等离子体区扩张时，会把从体区流向鞘层边界的低能电子反弹回体区，并将能量转移这些电子，这些被反弹的电子进入体区后，继续电离背景气体，这种通过鞘层快速振荡反弹电子的加热方式也被称为随机加热。通常来讲，当工作气压较高（>10 Pa）时，碰撞加热主导等离子体放电；当工作气压较低（<10 Pa）时，无碰撞加热占主导地位。

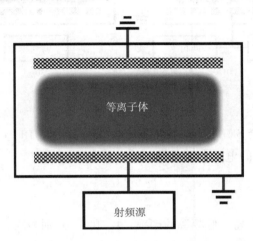

图 3-3-1　单频容性耦合等离子体源的装置示意图

　　单频 CCP 源的优势在于可以产生大面积均匀的等离子体，在一定程度上能够保证衬底表面刻蚀与薄膜沉积的均匀性。SF-CCP 源的缺点如下：

　　（1）等离子体密度较低，刻蚀速率较慢；

　　（2）难以独立控制离子通量和离子轰击能量，离子轰击能量会随等离子体密度的升高而增加；

　　（3）在干法刻蚀工艺中，高压容性鞘层会加速离子，导致到达衬底表明的离子其轰击能量过高，容易对衬底表面造成损伤。随着芯片集成度的增加和特征尺寸的降低，半导体制造工艺对等离子体源的要求越来越高。在半导体工艺中，离子通量和离子能量的独立控制至关重要，离子通量决定刻蚀速率，并影响前驱体和活性基团的密度，进而影响沉积速率；离子轰击能量决定刻蚀沟槽的极限深宽比以及形貌。

　　双频容性耦合等离子体（Dual-Frequency Capacitively Coupled Plasma，DF-CCP）源采用一个高频电源和一个低频电源共同驱动等离子体放电。DF-CCP 源有两种接入方式：

　　（1）单电极驱动，如图 3-3-2(a)所示，其中一个电极接地，另一个电极由高、低频电源同时驱动；

　　（2）双电极驱动，如图 3-3-2(b)所示，高、低频电源分别施加在两个电极上。

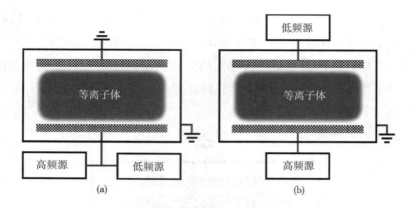

图 3-3-2　单双电极驱动

Lieberman 等人结合 SF-CCP 条件下的标度关系，给出 DF-CCP 放电时独立控制离子通量和离子轰击能量的电源参数条件：

$$f_H^2 |v_H| \gg f_L^2 |v_L| \qquad (3-3-1)$$

$$|v_H| \ll |v_L| \qquad (3-3-2)$$

其中 f_H 和 f_L 分别为高、低频源的频率，V_H 和 V_L 分别为高、低频源的电压。当高、低频源的频率相差足够大（一般认为频率比大于 10）且低频电压远大于高频电压时，才有可能实现这种独立控制，即高频电源主要控制等离子体密度和离子通量，低频电源主要控制鞘层电压和离子轰击能量。

虽然 DF-CCP 源在一定参数窗口范围内允许离子通量和离子轰击能量的独立控制，但是低频电源的引入导致了一系列复杂的物理效应，例如射频电源之间的频率耦合效应、低频电源对电子动力学的调制效应以及双频源激发的非线性串联共振效应等。

在单电极驱动 DF-CCP 中，当两个频率满足基频和二倍频的关系，并且两个频率之间的相位差固定时，即施加在电极上的电压波形可以表示为：

$$V(t) = V_L \cos(2\pi f t) + V_H \cos(4\pi f t + \theta) \qquad (3-3-3)$$

方程式 3-3-3 中，V_L 和 V_H 分别是高频源和低频源的电压幅值，θ 为高、低频电压之间的相位差。放电时会在两个电极附近形成完全不对称的鞘层，为了平衡两个电极上的电子通量和离子通量，在其中一个电极上产生直流自偏压，而离子轰击能量受直流自偏压的影响。这种由施加特定的电压波形而在电极上形成直流自偏压的现象称为电非对称效应（Electrical Asymmetry Effect，EAE）。电极上的直流自偏压与两个驱动频率之间的相位差在每 $\pi/2$ 的范围内几乎是线性关系，离子轰击电极的平均能量会随着相位差线性变化。因此，当高、低频电压幅值不变时，通过调节两个驱动频率的相位差，可以实现调控离子轰击能量同时保持离子通量不变。

对于 CCP，常用的实验诊断技术有电学测量（如双探针、悬浮发卡探针）、光学诊断（如发射光谱、吸收光谱）以及通量和表面分析技术（如离子能量分析）等。单探针需要滤波，容易受到射频功率的干扰，一般只使用于 SF-CCP 诊断。双探针能有效地屏蔽射频干扰，但它只响应处于电子能量分布函数尾端的高能电子，并且不适合在低电压或低功率情况下使用。悬浮发卡探针，基于电子温度为常量（通常为 3 eV）的前提，通过共振峰在等离子体与真空中的位置变化计算等离子体密度。发射光谱是一种非侵入式的诊断方式，不受射频电场、磁场以及等离子体高电势的影响，所以它能诊断多频放电。但需要结合理论模型，从特定波长的谱线中得到所需信息。

三频容性耦合等离子体（Triple-Frequency Capacitively Coupled Plasma，TF-CCP）源是在 DF-CCP 源的基础上，额外引入一个射频电源。也有学者对 TF-CCP 源开展了解析模型和数值模拟研究，三个射频电源通常施加在一个电极上，另一个电极接地。研究发现中频源可以改善离子能量分布，高频源主要控制等离子体密度和改善等离子体的径向均匀性。这些工作都是基于解析模型和数值模拟，目前缺乏对 TF-CCP 源的实验研究，探索高、中和低频源对等离子体特性的影响。在 TF-CCP 源中，引入三个不同频率的射频电源使得外部调节参数增加，也许能够实现对离子通量和离子轰击能量的独立控制，同时提高等离子体处理的均匀性，这对半导体芯片制造具有重要意义。

4　实验内容

（1）利用朗缪探针和发射光谱测量 SF-CCP 的电子温度和密度。实验条件为氩气放电，电源频率 27. 12 MHz，功率 30~70 W，气压 3~10 Pa。

（2）利用发射光谱结合碰撞辐射模型测量 DF-CCP 的电子温度和密度（1）。实验条件为氩气放电，高频电源 27. 12 MHz，低频电源 2 MHz，高频功率 50 W，低频功率 30~70 W，气压 5 Pa。

（3）利用发射光谱结合碰撞辐射模型测量 DF-CCP 的电子温度和密度（2）。实验条件为氩气放电，高频电源 27. 12 MHz，低频电源 2 MHz，低频功率 50 W，高频功率 30~70 W，气压 5 Pa。

（4）在上述实验测量同时使用高压探头、电流探头结合示波器测量放电时电极上的电压和电流。

5　实验仪器

CCP 真空腔，进气系统，排气系统，射频电源，朗缪尔探针和发射光谱仪等。

6　实验指导

（1）使用机械泵和分子泵对真空腔抽气，使本底气压降至 5×10^{-3} Pa 以下。

（2）通入氩气，通过气体质量流量计的控制使真空腔中气压达到实验所需气压。

（3）打开所需射频电源，加 20 W 左右功率，调节匹配器，使反射功率降至最低

（一般能降到 2 W 以内），然后调节至实验所需功率（如反射功率超过 2 W 则再调节匹配器使之重新降至 2 W 以内）。

（4）打开探针及其软件，进行测量，记录测量数据，分析结果，总结获得电子温度和密度随电源功率、频率以及气压变化的规律。

（5）打开发射光谱仪及其软件，进行测量，记录测量数据，分析结果，总结获得电子温度和密度随电源功率、频率以及气压变化的规律。

（6）对比 SF-CCP 时两种方法测得的电子温度和密度。

注：朗缪探针和发射光谱仪的使用说明请见等离子体朗缪探针诊断技术和等离子体发射光谱诊断技术实验。

7　实验数据处理

根据实验内容表格自拟，并利用相应软件计算获得所要测量的等离子体参量。

附录：真空腔，机械泵，分子泵的使用说明

1. 连接电源。

2. 开启真空腔的电阻规气压计。

3. 抽真空。

A. 打开机械泵开关。

B. 打开角阀1。

C. 打开角阀3，等待腔体内压强下降到所需气压。

D. 如需使用分子泵，则打开角阀2，待腔体内气压小于10 Pa后才能打开分子泵开关（如果超过两个月未使用，则需要软启动，三个小时后再按下软启动即可，经常使用则正常使用"启动"），再打开手动插板阀，关闭角阀1。如分子泵工作正常，电阻规气压计会因为气压小于0.1 Pa而超过量程，则可以开启电离硅气压计（气压大于0.1 Pa时，不能开启电离硅）。

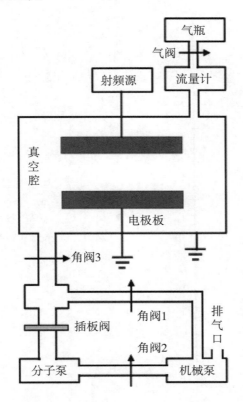

图 3-3-3 低气压 CCP 装置示意图

4. 打开气体阀门，开启流量计，通入所需气体，控制好流量及气压，进行实验。实验完成后关闭气体和流量计。

5. 关闭抽气。

A. 关闭角阀 3。

B. 关手动板阀，然后按停止键关闭分子泵。

C. 等待转速归零后，才可按下电源键，此时让机械泵一直工作。

D. 最后关闭角阀 2，再关机械泵。

6. 额外说明。

A. 开启腔体要先使用放气阀放气。

B. 如果开启腔体，调整完成后则要再次使用机械泵抽气使真空腔保持真空状态。

实验 3-4 低气压感性耦合等离子体（ICP）特性实验

1 实验简介

早在 1884 年，Hittorf 通过激发缠绕在真空管外侧的线圈，首次观察到感性放电，即"无电极的环形放电"。随着人们对感性放电认识的不断加深，感性放电得到了进一步发展。目前，等离子体材料处理工艺中普遍采用的感性耦合等离子体（inductively coupled plasma，ICP）源，一般具有如下两种形态：当驱动线圈缠绕在介质管的外侧时，称为柱状线圈；当驱动线圈处在一个平面内，被置于放电腔室上方时，称为平面线圈 ICP 或盘香形线圈。本实验内容属于低气压低温柱状线圈等离子体。

2 实验目的

（1）通过实验直观地认识 ICP 等离子体。

（2）测量放电的电学参量。

（3）测量及分析等离子体能量、密度随放电参数的变化。

3 实验原理

如图 3-4-1 所示，ICP 所用的天线大致可以分为用圆筒螺旋状线圈的类型（图 3-4-1(a)）和采用平面盘绕状线圈的类型（图 3-4-1(b)）。

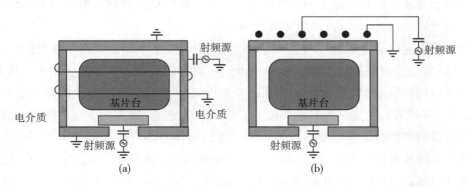

图 3-4-1 螺旋或盘绕状的线圈通 RF 电流生成感应耦合等离子体

另外，也有将天线插入等离子体的内部天线类型。所得等离子体的密度为 $10^{17} \sim$ 10^{18} m^{-3}、电子温度为 2~4 eV、直径可达 30 cm。因为在较宽的压强范围内易于获得大口径、高密度的等离子体，所以 ICP 近年来广泛地应用于等离子体加工工艺。

下面我们来看看能量如何进入感应耦合等离子体。13.56 MHz 电磁波的波长也有22 m，要大于天线长度，因此可以忽略位移电流，采用准静态的方法来处理电磁场。首先，当半径为 a、沿 z 轴无限长的螺线管线圈（单位长度的匝数为 n）中通有直流电流 I 时，在线圈内就会产生 z 方向的均匀磁场 $H_z = nI$ 通 $\Phi = \mu_0 \pi R^2 H_z$，当电流以角频率 ω 振荡时，令 $I = I_0 \sin\omega t$，由法拉第电磁感应定律可知 Φ 随时间的变化会产生电动势 V $= 2\pi r e_\theta = -\partial\Phi/\partial t$，这里 θ 方向上的感应电场为

$$e_\theta = (r, \ t) = \left(\frac{\mu_0 r}{2}\right)\omega nI_0\cos\omega t$$

等离子体中的电子受这个电场的作用而被加速，于是，在抵消天线电流磁场的方向上会形成等离子体内的涡电流。

虽然电子在感应电场的作用下时而被加速时而被减速，但如果把这种效应进行时间平均，那么在无碰撞时的能量净收支为零，功率是不能进入等离子体的。用 θ 表示电子与中性粒子、离子发生 碰撞的频率，可计算出"等离子体"导体的直流电导率为 $a = e^2 n_Q/m_e p_{e0}$。通常，当对电导率为 tr 的导体板从外部施加时变磁场时，导体中会有涡电流流动，从而引起焦耳加热效应，市场上出售的电磁炊具就 是利用了这一原理。这时，磁场从导体表面到内部呈指数函数衰减，因而只能进入到某个深度（叫做趋肤效应，skin effect），趋肤深度 g° 将这个式子中的"用上面的等离子体电导率来替代，可以得到

$$\delta = \left(\frac{c}{\omega_P}\right)\left(\frac{2v_e}{\omega}\right)^{\frac{1}{2}}$$

但该式只是在 $v_e/\omega \gg 1$ 的碰撞很频繁的高气压条件下才成立。在气压较低（$v_e/\omega \ll$ 1）、等离子体密度较高（ω_P）ω）的情况下，趋肤深度如后面的式所为 $\delta = c/\omega_P$，例如，等离子体密度为 10^{17} m^{-3} 时，$\delta = 1.7$ cm。

进行了上述的讨论之后，现在我们来考虑感应耦合等离子体的等效电路。首先，把图 3-4-1(a)中天线激励等离子体中相当于一圈绕线的部分分离出来作为分析对象，即图 3-4-1(a)所示的圆环天线和相邻的有涡电流流动的炸面圈形状的等离子体。设"炸面圈"半径方向的宽度为趋肤深度 S、截面面积为 S、圆周长为 Z，再把天线作为一个变压器的初级绕组、炸面圈状的等离子体圆环作为相应的次级绕组，那么等离子体的等效电路就可以用图 3-4-1(b)来表示。也就是说，高频电流 I_{RF} 流过具有电感 L_a、电阻 R_a 的天线，通过互感 M 耦合到次级回路的等离子体。L_g 是由与磁通相交链回路（这里是"炸面圈"）的形状所决定的电感，$L_P = (l/s)(m_e/n_0 e^2)$ 是电子的惯性产生的电感，$R_P = (l/S)/\sigma$ 是炸面圈状等离子体的直流电阻，利用这个等效电路，等离子体吸

收的功率 P_{abs} 可以通过下式来计算：

$$P_{abs} = \frac{\omega^2 m^2 R_P}{\omega^2 (L_g + L_P) + R_P^2} I_{RF}^2$$

这就是在等离子体电阻 R_P 上产生的焦耳热。

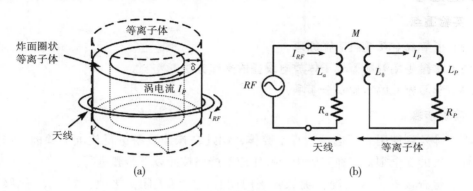

图 3-4-2　感应耦合等离子体的等效电路

　　一旦进入低气压状态，等离子体的电阻便会变小，趋肤深度也要下降，所以焦耳加热效应无法使功率输入等离子体，预测放电将停止。但在实际中，即使在 $v_e/\omega = 0.1$ 这样低的压强下也可以维持高密度等离子体，所以可以判断在无碰撞时存在其他有效的加热机制。这种机制就是作热运动的电子通过局部电场时引起的反常趋肤效应。也就是说，我们要考虑这样一种无碰撞过程：以热运动速度运动着的电子不论怎样进入趋肤深度的强感应电场区域，都会返回等离子体。当电子通过这个电场区域的时间大致等于或者略微小于高频电压周期 $2\pi/\omega$ 的时候，电子的加速、减速是随机发生的，经统计平均后电子能够高效率地获得能量。这就是所谓的反常趋肤效应。

4　实验内容

　　（1）利用朗缪探针和发射光谱测量 ICP 的电子温度和密度。实验条件为氩气放电，电源频率 13.56 MHz，27.12MHz，功率 30~70 W，气压 3~10 Pa。

　　（2）利用发射光谱结合碰撞辐射模型测量 ICP 的电子温度和密度①。实验条件为氩气放电，高频电源 13.56 MHz，低频电源 2 MHz，高频功率 50 W，低频功率 30 W~70 W，气压 5 Pa。

　　（3）利用发射光谱结合碰撞辐射模型测量 ICP 的电子温度和密度②。实验条件为氩气放电，高频电源 13.56 MHz，低频电源 2 MHz，低频功率 50 W，高频功率 30 W~70 W，气压 5 Pa。

　　（4）在上述实验测量同时使用高压探头、电流探头结合示波器测量放电时电极上的电压和电流。

5　实验仪器

ICP 真空腔，进气系统，气系统，射频电源，朗缪尔探针和发射光谱仪，等等。

6　实验指导

6.1　实验重点

（1）了解真空系统的工作原理。

（2）掌握使用射频等离子体放电设备的操作方法。

（3）学习相关的实验安全事项。

6.2　实验步骤

因为涉及到使用高频电源，真空腔体，因此在操作设备进行放电实验前，需要教师指导相关的安全须知。在实验中，操作应要严格按照以下步骤进行：

（1）检查设备安装情况，确保各阀门闭合，电源关闭，接地良好，水/气路正常（教师定期检查）。

（2）反应腔完全封闭的情况下，打开机械泵预抽真空，至气压计度数稳定至本底气压（约几分钟）。

（3）打开水冷循环系统。

（4）通过控制气路系统（见放电控制面板），调整反应室内部气体成分和气压为需要的情况（本实验使用氧气/氮气等，调整气压至 20 Pa 左右）。

（5）打开射频源，设定模式为连续模式，调整功率，同时通过调整射频匹配至气体放电发生，反射功率降至最低。

（6）维持正常放电，开始实验。

（7）打开探针及其软件，进行测量，记录测量数据，分析结果，总结获得电子温度和密度随电源功率、频率以及气压变化的规律。

（8）打开发射光谱仪及其软件，进行测量，记录测量数据，分析结果，总结获得电子温度和密度随电源功率、频率以及气压变化的规律。

（9）对比测得的电子温度和密度，分析原因。

（10）实验结束，按照顺序依次关闭射频电源，气路系统，水冷系统等。

实验必须有指导教师在的情况下进行，确保实验过程安全、顺利。

7　实验数据处理

自拟表格，根据实验内容表格自拟，并利用相应软件计算获得所要测量的等离子体参量。

实验 3-5 等离子体晶格

1 实验简介

复杂等离子体是由等离子体和大量固体介观颗粒组成的复杂系统，广泛存在于自然环境和地面实验室的各种等离子体放电过程中，也被称为尘埃等离子体。复杂等离子体具有颗粒宏观可见、运动直接可测的特点，可以作为模型系统，实验模拟物质的微观物理过程。从 1994 年，德国、日本、中国（中国台湾）三个实验室首次发现等离子体晶格起，复杂等离子体物理研究获得了快速的发展。2001 年，国际空间站 PKE-Nefedov 实验室安装调试成功开始运行，是国际空间站第一个物理科学实验。空间站微重力复杂等离子体物理实验工作至今仍在蓬勃开展。

本实验依托射频等离子体放电装置，在重力条件下研究二维复杂等离子体的结晶与融化过程。

2 实验目的

（1）了解复杂等离子体的基本性质。
（2）掌握等离子体晶格的产生方法。
（3）学习尘埃颗粒结构与动力学参数的分析手段。

3 实验原理

在等离子体环境中，尘埃颗粒虽然和电子、离子类似，属于带电粒子的一种，但是它们的尺寸比电子与离子大很多。一般离子的尺寸都小于一个纳米，而实验室研究采用的尘埃颗粒的直径在几到十几微米左右。由于质量的显著增加，尘埃颗粒在等离子中的运动速度会明显降低。

3.1 颗粒充电过程

等离子体中存在大量的带正电的离子和自由电子。由于电子质量远小于离子，电子动力学温度又高于离子动力学温度，因此电子与尘埃颗粒的碰撞会更加频繁，从而导致尘埃颗粒带负电。在其他条件不变的情况下，尘埃颗粒表面的带电量和其尺寸成正比。

在各向同性等离子体中，电子和离子的速度符合麦克斯韦分布，在颗粒表面的离子流和电子流分别可以表示为

$$J_I = \sqrt{8\pi}\, a^2 n_I v_{Ti}(1 + z\tau)$$

$$J_e = \sqrt{8\pi}\, a^2 n_e v_{Te} e^{-z}$$

其中 a 是颗粒半径，$n_{I(e)}$ 是离子（电子）密度，$v_{Ti}(Te)$ 是离子（电子）热速度，$\tau = T_e/T_I$ 是电子对离子的温度比。当颗粒表面带电稳定时，离子流等于电子流 $J_I = J_e$，对于球形颗粒，这里 $z = Qe/aT_e$ 是有效颗粒带电量，是一个无量纲量。

3.2　颗粒受力

在实验室内，颗粒受到重力作用 $F_g = mg$ 自由下坠。然而，等离子体在靠近反应腔体壁或者电极的部分存在鞘层区域，具有强电场，因此也受到电场力 $F_e = QE$ 的作用，电场力作用方向与重力作用相反，抵消重力作用，因此，颗粒可以被悬浮于下电极上方。

等离子体中，离子和电子之间的相互作用基本可以用库仑相互作用来描述。然而，尘埃颗粒在尺寸上比离子大很多，它们之间的相互作用是通过大量电子和离子的参与来实现的，所以尘埃与尘埃之间的相互作用势相对比较复杂，一般情况下可以用汤川（Yukawa）相互作用势 ψ 描述：

$$\varphi(r) = \frac{Q^2}{r}\exp\left(-\frac{r}{\lambda_d}\right)$$

其中 Q 为尘埃颗粒带电量，r 为颗粒间距离，λ_d 为德拜长度，代表了等离子体中电子和离子参与的影响，产生一定的屏蔽效应。在尘埃之间的相互作用势非常强的条件下，尘埃颗粒不仅会几乎停止运动，并且可以自组织地排列成有序的晶格结构，就是所谓的等离子体晶格，见图 3-5-1。

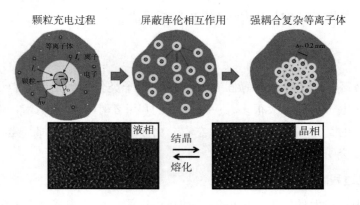

图 3-5-1　复杂等离子体物理示意图

此外，当存在定向离子流的情况下，离子与颗粒散射碰撞发生动量转移，产生一个定向的力也就是离子拖拽力 F_{id}：

$$F_{id} = (8\sqrt{2\pi}/3)\, a^2 m_I n_I v_{Ti} u \left[1 + \frac{1}{2}z\tau + \frac{1}{4}z^2\tau^2\Lambda \right]$$

其中，u 是离子定向流速，

$$\Lambda = 2\int_0^\infty e^{-x}\ln\left[\frac{2(\lambda_d/a)x + z\tau}{2x + z\tau} \right]dx$$

是库仑对数。该表达式仅可用于离子与颗粒的一般耦合强度的情况。

3.3　耦合强度与屏蔽

复杂等离子体是一个典型的强耦合汤川系统，它的热力学性质可以由两个物理量来表示，即耦合强度 Γ 和屏蔽尺度 k：

$$\Gamma = \frac{Q^2}{\Delta T}$$

$$k = \frac{\Delta}{\lambda_d}$$

其中，Δ 是颗粒间距，T 是颗粒的动力学温度。在三维复杂等离子体中，Γ-k 参数空间内存在三相点，系统可以处于 fcc 晶体、bcc 晶体或液体状态，如图 3-5-2 所示。

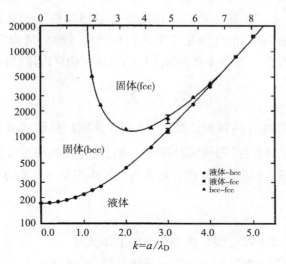

图 3-5-2　三维汤川系统的相图

3.4　激光微摄诊断技术

因为尘埃颗粒大小为微米量级，在等离子体晶格实验中，可以用激光来照射颗粒，发生米氏散射，利用 CCD 摄像机记录单个颗粒的运动以及其组成的晶体结构。简单地说，发生在"原子"尺度的晶体特性和波动等现象，原来需要复杂显微设备来研究的，现在可以借助复杂等离子体这个模型系统，采用简单的激光微摄诊断技术就能实现。

3.5 结构序参量

本实验研究悬浮在等离子体鞘层中的二维等离子体晶格。在鞘层中，颗粒所受重力被鞘层电场力抵消，大小质量完全相同的颗粒可以被悬浮在下电极上方同一高度，形成一个二维颗粒平面。二维等离子体晶格结构相对简单，仅存在六方晶一种晶体构型，见图3-5-3，颗粒与相邻两颗粒的夹角为60°。

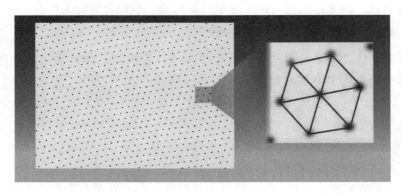

图 3-5-3　二维等离子体晶格构型

由于反应腔体并非完全轴对称，腔体内壁对悬浮的颗粒层施加剪切与挤压作用，系统中的等离子体晶格并不能保证是完美六边形结构，部分结构发生扭曲，部分以五重/七重缺陷的形式存在。二维等离子体晶格的局域结构可以用结构序参量 ψ_6 来表示：

$$\Psi_6 = \frac{1}{6}\sum_{j=1}^{6} e^{i6\theta_j}$$

其中，θ_j 是相邻颗粒 j 的键角。当 $\psi_6 = 1$ 时，该颗粒局域结构是完美六方晶对称结构，当 $\psi_6 = 0$ 时，该结构则是随机无对称的。通过考察结构序参量，可以研究二维等离子体晶格中的结构特征、缺陷的演化、复杂等离子体相变等重要的物理现象。

4　实验内容

（1）使用复杂等离子体实验装置获得等离子体晶格。

（2）使用激光微摄诊断系统记录等离子体晶格的结构与演化。

5　实验仪器

（1）复杂等离子体实验装置（含射频容性耦合等离子体放电系统、颗粒注射系统等）（如图3-5-4）。

（2）激光微摄诊断系统（含激光器与高速相机）。

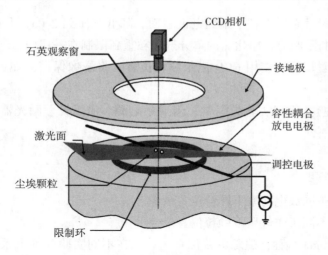

图 3-5-4 实验装置示意图

6 实验指导

6.1 实验重点

（1）了解等离子体晶格产生原理。

（2）掌握复杂等离子体实验与诊断方法。

（3）学习实验图像处理与分析方法。

6.1 实验步骤

实验涉及到使用低气压等离子体实验装置，因此在操作设备进行放电实验前，需要教师指导相关的安全须知。在实验中，操作应要严格按照以下步骤进行：

（1）真空环境准备：在实验前，利用油泵和分子泵在真空反应腔内获得 0.1 Pa 以下的底压环境；

（2）等离子体产生：控制流量计将作为反应气体的氩气通入真空反应腔体，通过调节蝶阀控制工作气压为 5 Pa。开启射频电源，将放电功率设置为 20 W。此时，腔体内产生紫红色氩等离子体；

（3）颗粒照明：开启两束激光器，产生两束波长不同的激光面，透过腔体侧面的观察窗射入反应腔体内。其中一束平行于下电极，另一束垂直于下电极。打开 CCD 摄像机，开始实验监控；

（4）尘埃颗粒注入：使用颗粒注射器在反应腔体内注入单色散（大小质量完全相同）的球形三聚氰胺颗粒。透过石英玻璃观察窗，利用肉眼确认颗粒的悬浮位置，调节激光器高度与相机聚焦，在显示器中找到尘埃颗粒，确认颗粒注入量。如有必要，可以重复颗粒注入流程，增加腔体内悬浮颗粒。

（5）颗粒净化：升高工作气压到 20 Pa，降低放电功率到 1 W，通过手动调节射频电源匹配，使大尺寸杂质颗粒下坠到电极表面。降低气压到 2 Pa，升高放电功率到 20 W。利用鞘层双曲限制势将净化后的单分散颗粒重新限制在一层内；

（6）颗粒位置记录：使用 CCD 记录颗粒位置，将录像保存为 avi 格式，用于后期数据分析；

（7）结束实验：保存实验数据。关闭射频电源、流量计、激光器、相机，使反应腔体进入真空状态。

7 实验数据处理

（1）记录在不同放电功率下颗粒位置录像。

（2）记录在不同工作气压下颗粒位置录像。

（3）利用 python 编程，追踪颗粒位置，计算在不同实验条件下系统的动力学温度的空间分布。

（4）利用 python 编程，计算在不同实验条件下结构序参量 $\psi 6$ 的空间分布。

（5）计算系统平均动力学温度与放电功率及工作气压的关系。

（6）计算系统平均结构指标与放电功率及工作气压的关系，计算结构指标的时间演化。

思考题

1. 工作气压对颗粒动力学的影响是什么？

2. 等离子体中的颗粒带电量大小与什么有关？颗粒除了相互作用，还受到什么力？

3. 缺陷的产生有什么特征？缺陷的空间分布是什么？

4. 如果在实验中注入两种不同大小的颗粒，会产生什么样的晶格结构？

实验 3-6　等离子体功能材料制备与光学性能检测

1　实验简介

　　等离子体有很多方面的应用，这里主要介绍等离子体在聚合单体分子方面的应用。所谓等离子体聚合（Plasma Polymerization），是指把等离子体状态的单体聚合成聚合物。等离子体聚合的机制是先把有机单体分子等离子体化，使反应腔室内产出各种活性的自由基，此时腔室内会开始发生加成反应，加成反应包括自由基与自由基之间的反应和自由基与单体之间的反应，这些反应的出现把单体聚合成聚合膜。这种方法制备的聚合薄膜与一般方法获得的聚合物薄膜有着结构上的不同，从而具有新的功能，成为了开发功能性高分子薄膜的途径之一。等离子体聚合方法，包括等离子体引发聚合、等离子体聚合以及等离子体诱导表面接枝聚合。

　　对于聚合高分子温敏性材料来说，温度是衡量其性质的重要参数，区分其临界状态的温度称为低临界溶解温度（lower critical solution temperature，LCST）或者高临界溶解温度（upper critical solution temperature，UCST）。对于某些聚合高分子温敏材料的水溶液而言，在温度比较低的时候，温敏材料溶解在水中呈现均匀单一相；当温度超过某一温度时，温敏材料在水溶液中的溶解度发生改变，发生相分离，这种临界的发生相变的温度值就是低临界溶解温度（LCST）。而某些温敏材料水溶液在高于某一温度后开始溶于水溶液，这个临界的温度值便称为高临界溶解温度（UCST）。

　　近年，一类具有新型功能的聚合材料——环境响应性聚合材料，拥有对外界微小刺激快速响应特性，其中聚 N-异丙基丙烯酰胺（Poly（N-Isopropylacrylamide），PNIPAM）拥有特定的温度响应性行为，受到广泛关注。在 20 世纪 50 年代 PNIPAM 被首次化学合成；1968 年 PNIPAM 奇特的温敏性质被报导，引起广泛关注，一跃成为被广泛研究的温敏性材料。其单体材料 N-异丙基丙烯酰胺（N-Isopropylacrylamide，NIPAM）最初是以一种有效的杀虫剂形式出现在人们的视线中；随后，PNIPAM 在水溶液中的温敏特性成为了人们对其研究的主要动力。对于很多聚合高分子温敏性材料而言，分子质量、温度、添加的交联剂等都可以影响其在水中的溶解度。PNIPAM 温敏特性表现为 LCST 行为，其相转变温度大致为 $30\sim35{}^{\circ}\!C$。在室温下，PNIPAM 可溶于水中形成透明的水溶液，而在温度达到临界温度时，其在水中的溶解性降低，温度达到 LCST 时会发生相分离，从溶于水的状态转变为不溶于水的混合物，此时溶液呈乳白色、不透明的状态；而当 PNIPAM 水溶液的温度从 LCST 以上降到 LCST 时，它又重新溶于水，恢复到原来的透明的溶液状态，也就是说它的相变过程是可逆的。值得一提的是，不同于大部分聚合高分子温敏性材料，"PNIPAM 的相转变温度几乎与其浓度或者分子质量没有任何关系"的观点被学界普遍认同。早期对于 PNIPAM 温敏性研究主要集中在相变机理上，然而越来越多的研究开始倾向于它作为一种智能"开关"的实质应用。

2 实验目的

（1）了解大气压低温等离子体聚合原理。
（2）掌握高分子温敏薄膜材料制备方法。
（3）掌握光谱测量相变温度的分析方法。
（4）学习相关的实验安全事项。

3 实验原理

通常认为，等离子体处理得到的聚合薄膜，其具有无定形、无针孔、高度交联、高度抗热、抗腐蚀以及与基板高度粘合的性质。用适当的单体结构得到的聚合薄膜具有特定的表面性质，使得许多领域的专家学者对其产生浓厚的兴趣，例如纺织涂层、制药技术等。为了使得单体分子在固体基板上的更容易发生等离子体聚合，最普遍常用的方法是把单体在气相等离子体中进行处理，产生自由基，再发生聚合反应。不论是低气压、还是大气压等离子体都可以促进气相等离子体引发聚合。将 NIPAM 单体（分子结构如图 3-6-1）水溶液或水合物置于大气压等离子体放电环境，在等离子体产生的活性物质、自由基和紫外线辐射的作用下，聚合成温敏材料 PNIPAM（结构如图 3-6-2）。大气压等离子体引发聚合方法可以不使用引发剂、交联剂，相比于传统的需添加引发剂和交联剂的水热法（乳液聚合、分散聚合、反相悬浮聚合等），用等离子体引发聚合提高了聚合薄膜的纯净度，排除了化学合成方法中残留物质对聚合薄膜性质的影响，提升实验安全。

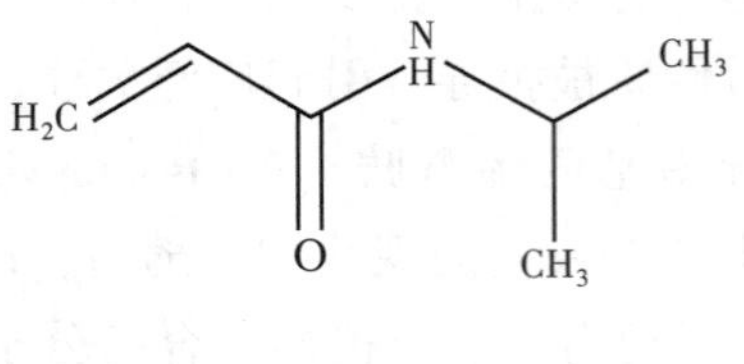

图 3-6-1　N-异丙基丙烯酰胺分子 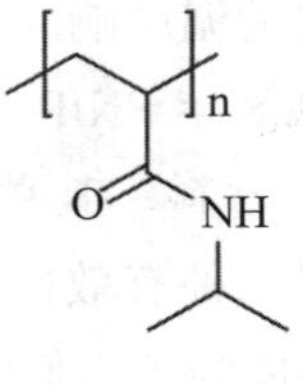　　　　图 3-6-2　聚 N-异丙基丙烯酰胺

本实验以探究 PNIPAM 薄膜在大气压等离子条件下成膜的可能性、成膜实验条件为出发点；以探究在室温条件下，利用介质阻挡放电装置产生等离子体聚合方法制备 PNIPAM 薄膜过程，对所制备 PNIPAM 薄膜水溶液进行光谱检测。

吸收光谱是样品吸收光的量度。对于大多数样品，吸光度与物质浓度成线性关系。SpectraSuite 使用以下公式计算吸光度（A_λ）。

$$A_\lambda = -\log_{10}\left(\frac{S_\lambda - D_\lambda}{R_\lambda - D_\lambda}\right)$$

透射光谱是样品透射光的量度。SpectraSuite 使用以下公式计算透射率（T_λ）。

$$T_\lambda = \frac{S_\lambda - D_\lambda}{R_\lambda - D_\lambda} \times 100\%$$

其中：S 代表在波长为 λ 时的样品光强，D 代表在波长为 λ 时的暗光强，R 代表在波长为 λ 时的参考光强。

样品浓度直接影响吸光度，Beer-Lambert 定律可以显示二者之间的关系：

$$A_\lambda = \varepsilon_\lambda c l$$

其中：A 代表在波长为 λ 时的吸光度，ε 代表在波长为 30λ 时吸收样品的消光系数，c 代表了吸收样品的浓度，l 代表了吸收样品的光程。

4 实验内容

使用大气压介质阻挡放电（DBD）聚合反应装置（如图 3-6-3 所示），由气体流量计和控制器控制通入反应室中氩气，电源两级用介质石英玻璃片阻挡，中间是自制的含有进气出气口的聚四氟乙烯垫圈，整体组成一个大气压放电腔室。用大气压等离子体电源（CTP-2000K）生成 kHz 频率的交流信号输入，和两个变压器相连的匹配网络可将电压上升到 20 KV，两极板之间的放电间距由"垫圈"厚度（5.0 mm）决定。

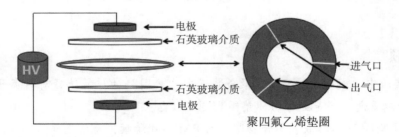

图 3-6-3 实验装置

实验中，取少量的（不同浓度）NIPAM 单体水溶液或水合物滴在石英基板上，然后用平整的石英片轻轻涂平 NIPAM 单体原材料，再放置于放电腔室内，在等离子条件下进行引发聚合。

为了表征 PNIPAM 薄膜的相变温度，采用紫外可见近红外光谱仪对 PNIPAM 水溶液进行检测，分析其随温度改变的紫外可见近红外光的吸收（透过）情况。

5　实验仪器

　　N-异丙基丙烯酰胺（NIPAM）单体，低温等离子体电源（CTP-2000K），大气压等离子体 DBD 聚合装置，氩气（Ar），去离子水，电子天平，氩气减压器/玻璃转子流量计，电子恒温不锈钢水浴锅，循环水泵，超声波清洗器，石英比色皿，变温比色皿支架，电子温度计，氘钨组合式光源（DH-DTM650-SMA），微型光栅光谱仪（STS），光纤，计算机，光谱仪操作软件。

6　实验指导

　　（1）调制不同浓度的 NIPAM 单体水溶液或水合物。
　　（2）称量石英基片净重。
　　（3）在石英基片上涂覆 NIPAM 单体水溶液或水合物。
　　（4）将石英基片置于放电腔室内，控制等离子体参数进行引发聚合。
　　（5）称量聚合 PNIPAM 薄膜的石英基片。
　　（6）溶解石英基片表面的 PNIPAM 薄膜，配置 PNIPAM 水溶液。
　　（7）记录 PNIPAM 水溶液随温度变化的紫外可见近红外光的吸收情况。

7　实验数据处理

　　自拟表格，需要记录的参数包括放电气体、流量、电压、电流、放电时间、诊断参数等。
　　使用计算机记录光谱强度时序图、溶液温度时序图。作"光谱强度—温度"关系图，求出 PNIPAM 溶液相变温度。

思考题

　　1. 本实验中，大气压等离子体聚合装置中"垫圈"的厚薄选择对等离子体放电有否影响？选取更薄，还是更厚的"垫圈"利于放电？
　　2. 使用 NIPAM 水溶液、水合物制备的 PNIPAM 薄膜，有何差异？

实验 3-7　低温等离子体染料废水处理实验

1　实验简介

等离子体技术作为一种兼具快速处理和绿色处理的水处理技术，被认为是一项非常有发展前景的水处理技术。等离子体放电可以产生不同形式的物理和化学效应，能够产生一些氧化性粒子，包括活性自由基（氢自由基、氧自由基、羟基自由基等），氧化性分子（过氧化氢、臭氧等）以及微波和紫外光等。等离子体技术处理水的过程包括高级氧化作用中的各种类型的氧化作用，如臭氧氧化作用、紫外光协同催化的氧化作用和热解作用等，是一种综合性的适用性强的环境友好型水处理技术。虽然不同类型的等离子体作用于水溶液时，在电子温度、气体温度和电子密度上有着大数量级的差异，但是这些等离子体放电存在共同的化学反应机制和物理现象，比如分子和自由基粒子的产生，紫外光的产生。

2　实验目的

（1）了解低温等离子体处理染料水的基本原理；

（2）掌握低温等离子放电的基本技能；

（3）熟练使用紫外可见光谱仪及其他实验仪器；

（4）能够合理控制实验过程中的误差，能够有效甄别并处理实验数据，获得实验结果。

3　实验原理

3.1　反应原理

（1）高能电子：气体放电产生的大量高能电子会与气体分子发生非弹性碰撞，使这些基态分子获得能量后处于激发态，达到活化状态，具有较好的活性。这些活性物质会轰击污染物分子，使分子中的不饱和键断裂，使其分解为小分子物质。同时，等离子体中的高能电子还会轰击水分子，使其离解、激发，生成羟基自由基、臭氧、氧原子等氧化性极强的物质，使污染物降解。反应过程如下：

$$5H_2O \rightarrow \cdot OH + \cdot H + H_2O_2 + 2H_2O$$

$$H_2O_2 + \cdot OH \rightarrow \cdot OH_2 + H_2O$$

$$O_2+e\rightarrow 2O+e$$
$$O_2+O\rightarrow O_3$$
$$O+H_2O\rightarrow 2\cdot OH$$
$$\cdot OH+RH\rightarrow R\cdot +H_2O$$
$$O_3+RH\rightarrow ROOH+O$$

（2）氧化自由基：等离子体中的高能电子轰击水分子产生·OH 等自由基、O_3 等强氧化物质，对有机污染物起到了氧化降解的作用。其中臭氧易溶于水，本身就是强氧化剂，能直接氧化某些有机物，也可由其分解产生的·OH 来氧化有机物。反应过程如下：

在酸性介质中的反应：

$$O_3\rightarrow O_2+O\cdot$$
$$O\cdot +H^+\rightarrow \cdot OH$$
$$\cdot OH+RH\rightarrow R\cdot +H_2O$$
$$R\cdot +O_2\rightarrow ROO\cdot \rightarrow CO_2+H_2O$$

碱性介质中的反应：

$$O_3+OH^-\rightarrow \cdot O_2H+O_2$$
$$O_3+O_2H\rightarrow \cdot OH+2O_2$$
$$\cdot OH+RH\rightarrow R\cdot +H_2O$$
$$R\cdot +O_2\rightarrow ROO\cdot \rightarrow CO_2+H_2O$$

（3）紫外光：在放电过程中会产生紫外光，它会使分子达到激发态，当分子从激发态返回基态时会释放能量，并使分子键断裂，从而使有害物质降解。紫外光和臭氧联合使用时，臭氧在紫外光的照射下与 H_2O 反应生成了 OH，无论是在氧化能力还是在氧化速度上，都远远超过紫外光分解或臭氧单独使用所达到的效果：

$$hv+H_2O+O_3\rightarrow H_2O_2+O_2$$
$$hv+H_2O_2\rightarrow 2\cdot OH$$
$$H_2O+H_2O_2\rightarrow HO_2^-+H_3O^+$$
$$HO_2^-+O_3\rightarrow \cdot OH+2O_2\rightarrow \cdot OH+O_3$$
$$H_2O_2+2O_3\rightarrow 2\cdot OH+3O_2$$

3.2 DBD 放电理论

介质阻挡放电（Dielectric Barrier Discharge，DBD）是一种可以在常压下实现的气体放电技术，其主要原理是在放电空间中放如石英玻璃等绝缘介质，当电极间的电压达到一定强度时，放电空间中的空气被击穿，由于绝缘介质的阻挡作用，系统中的电流很小，形成介质阻挡放电。DBD 放电装置可以根据电极形状不同，大致分为两种，包括平行平板结构和同轴圆柱结构，如图 3-7-1 所示。DBD 的放电表现很均匀、散漫、稳定，实际上是由大量细微的快脉冲放电通道构成的。

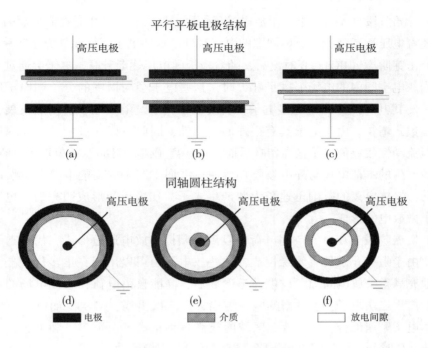

平行平板电极结构

高压电极　高压电极　高压电极

(a)　(b)　(c)

同轴圆柱结构

高压电极　高压电极　高压电极

(d)　(e)　(f)

■ 电极　　▨ 介质　　□ 放电间隙

图 3-7-1　DBD 放电反应器类型

介质阻挡放电是一种高气压下的非平衡放电，当极板间施加高电场时，放电空间内的气体被电离，最终导致气体间隙被击穿，形成放电通道，这些放电通道无法通过直流电维持，必须通过交流电不断产生，因此看似稳定的介质阻挡放电实际上是一个放电、熄灭，然后再次放电的重复过程。一个放电通道的微放电过程就是放电空间的某一区域被高度电离、迅速传播随后消失的过程。利用流柱击穿理论可以很好地解释微放电的过程，在 DBD 中流光放电包括三个阶段，分别是开始（AB）、击穿（BC）、发展（CD）及熄灭（DA），如图 3-7-2 所示。

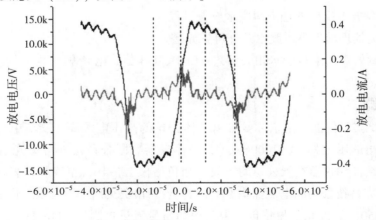

图 3-7-2 放电电压与电流波形图

（1）开始阶段（AB）。上一个放电过程熄灭后，大量电子积累在介质层表面，A 时刻后，随着电压逐渐降低，放电间隙的电场减弱，这些电子开始在气隙之间移动。

（2）击穿阶段（BC）。B 时刻后，随着极板间电压逐渐升高，电子会通过电场获得能量，当放电空间内的电场强度足够大时，这些电子会与周围的分子和原子发生非弹性碰撞，使其电离，并产生更多电子，引发电子雪崩。随着电子雪崩的发展，电子的数目呈指数式增长。由于电子具有很强的流动性，因此可以在极短的时间内通过其体间隙，但流动性较差的离子被滞留在后面，这些离子流柱头部不断积累形成空间电荷，空间电荷产生的本征电场与外电场叠加，使得雪崩中产生的高能电子以更快的速度向阳极运动，气体电离的范围迅速扩大并产生光子，在极板间形成明亮的放电通道，导致了单个微放电的形成。

（3）发展阶段（CD）。空间电荷一旦到达阳极，放电通道形成，代表击穿过程已经完成。由于阻挡介质具有绝缘性质，这些放电通道可以出现在很多位置上，最终均匀稳定地充满整个放电间隙。放电通道形成后，高能自由电荷在本征电场的作用下轰击阳极，产生二次电子，引发新的电子雪崩，即二次雪崩，二次雪崩由阳极向阴极扩散，与主电子雪崩汇合，使得放电区域内充满各种正离子、负离子和电子，从而产生等离子体。C 时刻后极板间电压下降，电荷开始向阳极运动。

（4）熄灭阶段（DA）。D 时刻后，极板间电势反向，由于电介质是绝缘的，当电荷向阳极移动时，会覆盖在电介质表面，形成静电场，放电空间内的电场被削弱，当放电空间内的电场强度无法维持放电通道时，放电过程停止。

4 实验内容

（1）染料废水溶液配制。

（2）紫外可见分光光度计溶液浓度标定。

（3）DBD 等离子体放电平台搭建。

（4）DBD 放电反应处理染料废水放电过程。

（5）测量处理前后染料废水紫外可见光谱。

（6）测量处理后染料废水相关参数：COD、PH 值、电导率。

5 实验仪器

（1）主要实验仪器：南京苏曼等离子体公司的高压电源高压交流电源 CTP2000K，泰克科技公司的示波器 TDS1000C-SC，岛津仪器有限公司紫外可见光谱仪 UV-2600（图 3-7-3），岛津仪器有限公司的高效液相色谱仪 LC-16，泰克科技公司的高压探头 P6015A，泰克科技公司的电流探头 P6021A，台州市奥突斯工贸有限公司的全无油润滑压缩机 OTS950X2，北京七星华创有限公司的质量流量控制器 D08-1F，上海米青科实业有限公司的电子天平 MQK-FA2204B、COD 测试仪 COD-571（图 3-7-4）、pH 计

PHSJ-3F（图 3-7-5）、电导率仪 DDSJ-308F（图 3-7-6）。

（2）主要实验试剂：上海凌峰化学试剂有限公司的亚甲基蓝 $C_{16}H_{18}ClN_3S \cdot 3H_2O$ AR，国药集团化学试剂有限公司的硫酸钾 KSO_4 AR、硫酸钾 H_2SO_4 AR、氢氧化钠 NaOH AR、重铬酸钾 $K_2Cr_2O_7$ AR、硫酸银 $AgSO_4$ AR、邻苯二甲酸氢钾 $C_8H_5KO_4$ AR、硝酸钾 KNO_3 AR、萘 $C_{10}H_8$ AR、甲醇 CH_4O HPLC。

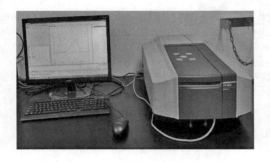

图 3-7-3　紫外可见分光光度计

图 3-7-4　化学需氧量测定仪（COD 仪）

图 3-7-5　酸度计（PH 计）

图 3-7-6　电导率仪

6　实验指导

6.1　实验重点

（1）学习 DBD 等离子体放电理论。

（2）掌握高压电源使用方法及注意事项。

（3）学习并掌握 DBD 等离子体水处理相关的仪器设备使用方法和实验技能

（4）学习并掌握数据处理软件（比如 origin、MATLAB）的使用方法。

6.2　实验装置

反应装置（如图 3-7-7 所示）由反应器（如图 3-7-8 所示）和高压电源组成。高压电源可提供稳定的交流电压，电压可调节范围为 0～40 kV。反应器的材质为石英玻璃，直径为 10 cm，上下壁的厚度为 2 mm，加入 20 ml 溶液后的空气气隙间距约为 7 mm。采用铜片作为电极，电极直径为 9 mm。使用 100 mg/L 的亚甲基蓝溶液作为模拟染料废水，通过逐一改变实验的初始条件，考察亚甲基蓝的降解效果。

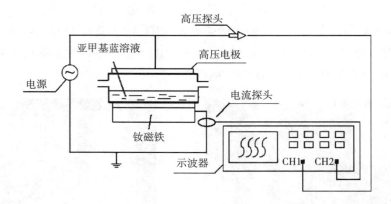

图 3-7-7   DBD 反应装置示意图

图 3-7-8   DBD 反应器

6.3 实验步骤

（1）检查仪器的连接是否正确，气路是否连接正确、通畅。

（2）检查放电系统接地是否正确。

（3）根据水平仪调节反映平台的水平度。

（4）配制一定浓度的染料废水溶液待用。

（5）用移液枪将一定量的待处理溶液移到反应器中。

（6）打开电源开关，摁下电压输出的"绿色"按钮，调解电压至所需电压值。

（7）开始记录时间，时间达到后将电压调到"零"；摁下阻止电压输出的"红色按钮"。

（8）取下放电反应器。

（9）用移液枪取一定量（一般 5 ml）处理后溶液放入比色皿。

（10）将比色皿放入紫外可见分光光度计进行吸光度测量。

（11）用移液枪取一定量的处理后溶液放入其他参数测量仪进行测量。

7 实验数据处理

以亚甲基蓝为例。

7.1 亚甲基蓝浓度的测定

配制 100 mg/L 的亚甲基蓝溶液，将其稀释为浓度 1 mg/L、2.5 mg/L、5 mg/L、10 mg/L、15 mg/L 的标准溶液，以纯净水作为参照，在 500~800 nm 的波长下利用紫外可见分光光度计对水样进行扫描，不同浓度的亚甲基蓝溶液的吸收光谱如图 3-7-9 所示。

图 3-7-9 的结果显示，亚甲基蓝的最大吸收波长为 665 nm。在 665 nm 处分别测量 1 mg/L、2.5 mg/L、5 mg/L、10 mg/L、15 mg/L 的标准溶液的吸光度，就可以得到亚甲基蓝溶液最大吸收值与浓度的关系。以标准溶液的浓度为横坐标，吸收值为纵坐标，绘制亚甲基蓝的标准曲线（图 3-7-10）。

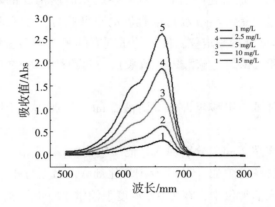

图 3-7-9 不同浓度亚甲基蓝溶液的吸收光谱图

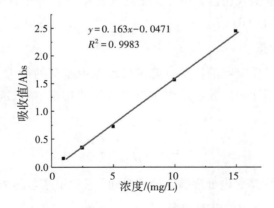

图 3-7-10 亚甲基蓝标准曲线

拟合后亚甲基蓝的标准曲线方程为 $y = 0.163 x - 0.047 1$，在拟合区间内亚甲基蓝标准曲线的相关度 $R^2 = 0.998$，说明吸收值和浓度之间存在良好的线性关系。通过测量处理后亚甲基蓝溶液的吸光度就可以利用标准曲线计算亚甲基蓝的浓度和降解率。

7.2 降解率的测定

配制不同浓度的亚甲基蓝溶液，利用紫外可见分光光度计测量不同浓度溶液在最大吸收波长处的吸收值，绘制出亚甲基蓝溶液的标准曲线。根据标准曲线得出处理后的亚甲基蓝溶液浓度，计算亚甲基蓝的降解率：

$$\eta = \frac{c_0 - c_t}{c_0} \times 100\%$$

式中，c_0 和 c_t 分别是放电处理前和处理时间 t 后亚甲基蓝的浓度。

7.3 化学需氧量（COD）的测定

化学需氧量（COD）是指利用强氧化剂处理废水时所消耗的氧化剂的量，它反映了溶液中有机物的含量，是考察废水污染程度的重要指标。本实验使用的测定仪器是雷磁 COD-571 型化学需氧量测定仪，使用的试剂有邻苯二甲酸氢钾标准溶液、专用氧化剂 A（主要成分为重铬酸钾、硫酸银、硫酸），实验所用试剂纯度为分析纯。

检测方法如下：

（1）取蒸馏水和邻苯二甲酸氢钾标准溶液 2 ml，分别加入干燥的反应管中，用于仪器校准；

（2）取各个待测样品 2 ml，分别加入其他反应管中；

（3）一次向各个反应管中加入 3 ml 专用氧化剂 A，摇晃与样品充分混合；

（4）将反应管放入消解仪中，在 150℃ 温度下消解 12 min，消解结束后，自然冷却至室温，取出反应管；

（5）将反应后溶液倒入比色皿中，将比色皿放入 COD 测定仪中，在 610 nm 测量吸光度，得到待测溶液的 COD 值。

7.4 能量利用率的计算

能量利用率反映了反应器消耗单位能量处理亚甲基蓝的能力，是衡量反应器效率的重要指标。利用功率计测量放电过程中电源消耗的功率，通过以下公式计算能量利用率 G：

$$G = \frac{(c_0 - c_t) \times V}{P \times t}$$

其中，c_0 和 c_t 分别是放电处理前和处理时间 t 后亚甲基蓝的浓度，V 是亚甲基蓝溶液的体积，P 是放电过程中的电源功率。

7.5 实验数据处理

（1）用示波器记录存储放电过程中的电压和电流波形。

（2）根据电压和电流波形，编制简要的 MATLAB 程序，计算放电过程中的实际功率，计算能量利用效率。

（3）用秒表记录放电反映的时间。

（4）用紫外可见分光光度计测量溶液的浓度，用于计算降解率。

（5）用 COD 仪测量染料废水溶液的 COD 值，并记录。

（6）用 PH 计测量染料废水溶液的酸碱度，并记录。

（7）用电导率仪测量染料废水溶液的电导率，并记录。

7.6　实验数据分析

对选定的染料废水，分析不同实验条件下的降解率大小，结合 DBD 等离子体放电理论以及等离子体降解染料废水的作用机理进行分析；结合实验测量的 COD 值、PH 值和电导率值作为佐证数据进行分析；结合能量利用效率在降解的经济性方面予以评价。

思考题

1. 低温等离子体实验搭建过程中的注意事项是什么？

2. 低温等离子体实验放电过程中的注意事项有哪些？

3. 如何有效控制放电过程中的操作误差？

4. 如何对数据的误差和错误进行有效的甄别？

5. 等离子体处理染料废水过程中，染料的吸收峰值波长会发生一定的偏移，为什么？

实验 3-8　低温等离子体产生 O_3 及其应用的实验探索

1　实验简介

臭氧，化学式 O_3，式量 47.998，氧元素的一种同素异形体，是一种有鱼腥气味的淡蓝色气体。臭氧有强氧化性，是比氧气更强的氧化剂，可在较低温度下发生氧化反应。可以用作强氧化剂、漂白剂、皮毛脱臭剂、空气净化剂、消毒杀菌剂以及饮用水的消毒脱臭等。在化工生产中可用臭氧代替许多催化氧化或高温氧化，简化生产工艺并提高生产率。由于臭氧在杀菌、消毒、漂白等过程中不会对环境造成二次污染，因此它也是一种绿色氧化剂和消毒剂。臭氧在常温下易氧化，因此需要使用时现场制备。本实验通过等离子体放电的方式来产生臭氧，分析影响臭氧产生效率的因素，并尝试开展臭氧在去除污染中的应用。

2　实验目的

（1）掌握 DBD 放电产生臭氧的原理。
（2）探究放电参数、O_2 流速对 O_3 产生效果的影响。
（3）臭氧用于去除污染的实验探索。

3　实验原理

低温等离子体是气体电离产生的。在中性气体中施加一个足够大的电场，气体就被电离，从而产生大量离子、电子构成的系统称为等离子体，又被称为继固体、液体、气体三态后物质的第四态。在低温等离子体中电子由于它的质量比较轻，因此更容易受到电场的作用而被加速，获得较高的能量。而离子由于质量很重，基本上电场加速不了它们，因此它们的温度接近室温。因此在低温等离子体中电子温度要远大于离子温度，因此又被称为非热平衡等离子体。等离子体中除了电子、离子和中性粒子外，在电离过程中还产生了大量的活性基、紫外辐射线等。这些高能粒子及各种活性基的存在，能产生常规条件下无法实现的物理和化学反应，从而低温等离子体在材料制备、表面改性及消毒灭菌和污染治理中得到了广泛的应用。

介质阻挡放电（Dielectric Barrier Discharge，DBD）是在大气压环境下放电产生等离子体的重要方式。DBD 通过把绝缘介质插入放电空间中来产生，又被称为无声放电。绝缘介质有许多种放置方式，允许把绝缘介质只放在一个电极上，也可以把它同时放在两个电极上，绝缘介质甚至可以悬挂在放电空间的间隙中。由于介质的引入，避免了裸露电极放电下的电弧放电的发生，从而得到了广泛的应用。介质阻挡放电有两种典型的结构类型，一种是内外同轴的圆柱形电极结构，如图 3-8-1（a）所示。另一种是平板式的电极结构如图 3-8-1（b）。在本实验中我们将用管状结构的 DBD 放电腔来产生等离子体和臭氧。

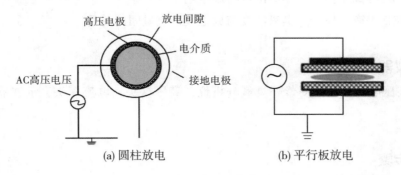

图 3-8-1　典型的 DBD 放电腔结构示意图

实验中我们将空气或氧气通入 DBD 放电腔进行放电，产生等离子体。当其中电子能量大于 O_2 的离解能时，O_2 就离解成为两个 O 原子，O 原子与 O_2 通过三体复合生成臭氧 O_3，反应过程如下：

$$e+O_2 \rightarrow 2O+e \tag{3-8-1}$$

$$O+O_2+M \rightarrow O_3+M \tag{3-8-2}$$

上面的 M 代表气体中任意其他气体分子。

本实验中我们采用的实验装置如图 3-8-2 所示。

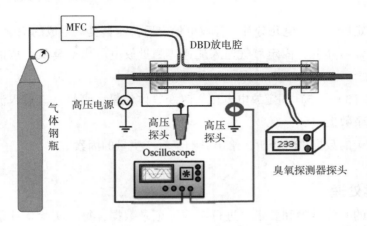

图 3-8-2　实验示意图

来自高压气瓶的氧气（或空气）经降压经流量计控制后进入双介质 DBD 放电腔。在放电腔内外电极加上交流高电压，使气体电离产生等离子体和臭氧。在放电腔的尾端用臭氧检测仪器检测臭氧的浓度。放电的电压和电流由高压探头和电流探针进行测量。

4　实验内容

（1）DBD 等离子体产生臭氧浓度与放电电压的关系。

（2）DBD 等离子体产生臭氧浓度与放电气体流量间的关系。

5　实验仪器

交流高压电源，高浓度紫外臭氧分析仪，高压探头，电流探头，示波器，DBD 放电装置。

6　实验步骤

（1）打开示波器电源，让示波器进入正常记录状态。

（2）打开臭氧检测仪器的电源开关，让探测器预热几分钟。

（3）打开气体钢瓶上的阀门，调节减压阀，使输出气压略大于大气压（0.1MPa），调节气体流量控制器，获得需要的气体流量。

（4）连接高压电源与 DBD 放电腔的连线，让电源的高压输出端连接到放电腔中心轴上的内电极，电源的低压端接放电腔的外电极。检查连接无误后打开高压电源开关，慢慢调节可变调电压器的旋转按钮，观察示波器上的电压读数，升高电压直到加在 DBD 两端的电压达到需要的电压值，观测波器上的电流信号判断等离子体放电是否开始。

（5）在一定电压下放电几分钟，等放电稳定后，测量臭氧生成的浓度大小并记录。

（6）重复 4-5 步骤，固定氧气通入流速，测量放电电压对臭氧生成的影响，记录数据。

（7）重复（3）、（5）固定放电电压，改变气体流量，测量氧气通入流速对臭氧生成的影响，记录数据。

（8）对记录的数据进行分析，给出影响臭氧产生量的因素。

7　实验数据处理

根据上面的实验步骤和要求，进行实验并记录数据，每个实验条件重复 5 次，在数据表格（以电压变化为例）记录下臭氧浓度，进行数据处理和误差分析，最后获得臭氧产生与放电电压和气体流量的关系曲线。

电压（KV） O₃浓度 次数				
1				
2				
3				
4				
5				
平均值				
均方差				

8 实验拓展

在上述实验基础上，选择不同颜色的染料废水，将产生的臭氧通入废水中，观察废水颜色随时间变化的情况。采用可见紫外吸收光谱仪，测量废水吸收光谱曲线随处理时间的变化。

参考文献

[1] 迈克尔 A,力伯曼,阿兰. Principles of plasma discharges and materials processing(等离子体放电原理与材料处理)修订版[M]. 蒲以康等译. 北京:科学出版社,2019.

[2] Kurt E. Geckeler. Functional Nanomaterials [J]. ZHANG J et al. NY:American Scientific Publishers,2006.

[3] 廖荣,康唐飞,邓世杰,等.原子层沉积技术的应用现状及发展前景[J].传感器与微系统,2021,40(10):5-9.

[4] 苗虎,李刘合,韩明月,等.原子层沉积技术及应用[J].表面技术,2018,47(9):163-175.

[5] Wolf S,Breeden M,Ueda S,et al. The role of oxide formation on insulating versus metallic substrates during Co and Ru selective ALD[J]. Applied Surface Science,2020,510:144804.

[6] George S M. Atomic layer deposition:an overview[J]. Chemical reviews,2010,110(1):111-131.

[7] Panda S K,Shin H. Step coverage in ALD[J]. Atomic layer deposition of nanostructured materials,2011:23-40.

[8] Baghdadi A,Bullis W M,Croarkin C,et al. Interlaboratory Determination of the Calibration Factor for the Measurement of the Interstitial Oxygen Content of Silicon by Infrared Absorption[J]. Journal of The Electrochemical Society,2019,136(7).

[9] 刘丽丽,孙士帅,张颖涛,等.氮气氛退火直拉硅中缺陷的低温红外光谱分析[J].实验室研究与探索,2018,37(10):31-33.

[10] 叶超.低温等离子体诊断原理与技术[M].北京:科学出版社,2021.

[11] 菅井秀郎.等离子体电子工程学[M].张海波,张丹译.北京:科学出版社,2002.

[12] Trivelpiece A W,Gould R W. Space charge waves in cylindrical plasma columns [J]. Journal of Applied Physics,1959,30(11):1784-1793.

[13] Nasser E. Fundamentals of gaseous ionization and plasma electronics [M]. New York:Wiley-Interscience,1971.

[14] Sugai H,Ghanashev I,Nagatsu M. High-density flat plasma production based on surface waves [J]. Plasma Sources Sci. Technol. 1998,7(2):192.

[15] 施敏.半导体器件的物理与工艺(第三版)[M].苏州:苏州大学出版社,2014.

[16] [美]格罗夫 A S.半导体器件物理与工艺[M].北京:科学出版社,1976.

图书在版编目（CIP）数据

集成电路工艺实验基础 / 石建军，郭颖主编. —上海：东华大学出版社，2023.6
ISBN 978-7-5669-2213-7

Ⅰ. ①集… Ⅱ. ①石… ②郭… Ⅲ. ①集成电路工艺–实验 Ⅳ. ①TN405-33

中国国家版本馆 CIP 数据核字（2023）第 083755 号

责任编辑：竺海娟
封面设计：魏依东

集成电路工艺实验基础

石建军　郭　颖　主编

出　　　　版：东华大学出版社（上海市延安西路 1882 号　邮政编码：200051）
本 社 网 址：http://dhupress.dhu.edu.cn
天猫旗舰店：http://dhdx.tmall.com
营 销 中 心：021-62193056　62373056　62379558
印　　　　刷：常熟大宏印刷有限公司
开　　　　本：787 mm×1092 mm　1/16
印　　　　张：10.75
字　　　　数：300 千字
版　　　　次：2023 年 6 月第 1 版
印　　　　次：2023 年 6 月第 1 次印刷
书　　　　号：ISBN 978-7-5669-2213-7
定　　　　价：45.00 元